产品开发设计与创新路径

吴 轲 / 著

云南美术出版社

图书在版编目（CIP）数据

产品开发设计与创新路径 / 吴轲著. -- 昆明：云南美术出版社，2025.6. -- ISBN 978-7-5489-6165-9

Ⅰ. TB472

中国国家版本馆 CIP 数据核字第 2025TY4126 号

责任编辑：陈铭阳
装帧设计：墨创文化
责任校对：张京宁

产品开发设计与创新路径

吴 轲 著

出版发行	云南美术出版社
社　　址	昆明市环城西路 609 号
印　　刷	广东虎彩云印刷有限公司
开　　本	787mm×1092mm　1/16
印　　张	14
字　　数	300 千字
版　　次	2025 年 6 月第 1 版
印　　次	2025 年 6 月第 1 次印刷
书　　号	ISBN 978-7-5489-6165-9
定　　价	78.00 元

  产品的开发设计是制造业的核心驱动力，其核心价值在于创新驱动，是推动企业持续发展与进步的不竭源泉。产品开发设计创新，旨在通过引入新技术原理与设计理念——无论是打造全新产品还是对传统产品进行颠覆性改造，均力求在结构、功能、材料、工艺等方面实现质的飞跃，显著提升产品性能或拓展其应用范围。这一过程极为复杂，融合了市场开发策略、消费者行为研究、产品概念孵化与评估、数字化设计技术及高效设计管理等多个专业领域。为确保新产品开发的成功，构建一套科学严谨、系统完整的设计与开发流程至关重要，它能够促进跨领域团队间的无障碍沟通与高效协作。鉴于当前产品迭代速度空前加快，研发周期急剧缩短，产品开发逐步迈向并行工程模式，要求项目初期即需全面审视并同步推进产品开发相关的各项工作，这离不开一个全面而强大的产品创新设计体系的支撑，以实现对市场需求的快速响应与产品创新的持续引领。

  本书深入探讨了现代产品设计与开发的理论与实践。书中首先阐述了产品设计的基本概念及其在现代产品开发中的重要性，接着详细介绍了产品设计流程、核心原则和市场调查方法。进一步，书中探讨了用户体验在产品设计中的作用，以及如何基于用户体验进行产品评价和设计优化。同时，分析了影响产品创新的各种因素，包括设计要素、方法、材料等，并提出了相应的创新策略。书中还强调了创意思维在产品开发设计中的重要性，并通过实例探讨了思维创新的方法。最后，介绍了计算机技术和虚拟技术在产品开发中的应用，以及这些技术如何推动设计创新。本书旨在为产品设计与开发领域的专业人士和学者提供全面的理论指导和实践案例，促进产品创新与设计质量的提升。

  为了确保研究内容的丰富性和多样性，作者在写作过程中参考了大量理论与研究文献，在此向涉及的专家学者表示衷心的感谢。最后，由于作者水平有限，加之时间仓促，本书内容难免存在一些疏漏，在此，恳请同行专家和读者朋友批评指正。

目 录

第一章 产品开发设计的基础理论 /1
  第一节 产品设计的内涵与外延 /3
  第二节 现代产品开发设计的特点及其重要性 /6

第二章 产品设计的程序与原则 /15
  第一节 产品设计的核心原则 /17
  第二节 产品市场调查的方法与实践 /26
  第三节 产品造型设计的创新与优化 /35
  第四节 产品定位策略的制定与应用 /45

第三章 产品开发中的用户体验与评价 /53
  第一节 用户体验的深入解析 /55
  第二节 产品设计的多维评价 /66
  第三节 基于用户体验的设计与开发评价 /76

第四章 产品开发设计创新的影响因素 /91
  第一节 产品开发设计基本要素与创新 /93
  第二节 产品开发设计方法与创新策略 /100
  第三节 产品开发设计材料与创新应用 /106

目 录

第五章 产品开发设计中的思维创新 /119
 第一节 产品开发设计的创意思维原理 /121
 第二节 产品开发设计的创意思维实践 /128
 第三节 产品开发设计思维的方法与训练 /138

第六章 产品开发设计的创新实践与应用 /151
 第一节 产品开发设计的形态表达创新 /153
 第二节 产品品质的创新提升与功能优化 /160
 第三节 产品开发中的实践案例分析与创新应用 /175

第七章 计算机与虚拟技术在产品开发中的创新路径 /191
 第一节 计算机辅助设计的材质与色彩管理 /193
 第二节 计算机辅助装饰设计的流程与处理 /200
 第三节 计算机辅助产品设计中的人机工程学应用 /205
 第四节 虚拟技术在产品开发中的创新应用 /211

参考文献 /215

第一章

产品开发设计的基础理论

第一节 产品设计的内涵与外延

一、产品设计的概念

（一）产品的释义

"产品"这一广泛存在于日常生活各个角落的概念，涵盖了人们周围几乎所有能满足特定需求的物品与服务。从直观的有形物品如椅子、电脑、房子、汽车等，到无形的服务体验如网络游戏、消费概念推广及生活方式革新，均可纳入"产品"范畴。产品不仅是物质实体的集合，也是非物质服务的载体，乃至二者巧妙融合所构建的系统。其核心在于，无论是通过直接生产还是间接服务提供，产品均旨在满足消费者的多样化需求，展现其物性与人性的双重功能特性。产品的核心价值深刻体现在消费与使用的双重维度上，一旦脱离了这两者的实践，产品便失去了其存在的意义。因此，产品不仅是技术与艺术的结晶，更是连接生产与消费、满足人类多样化生活需求的桥梁。

（二）产品设计的释义

1. 产品设计的意义

产品设计不仅推动了物质文明的进步，通过创新的产品解决方案不断满足人类日益增长的物质需求，同时也促进了精神文明的发展，丰富了人类的文化生活，引领了审美与生活方式的新风尚，是推动社会整体文明向前迈进的重要力量。

2. 产品设计的核心

产品设计的核心是围绕着消费者的需求而展开的产品创新方案。

3. 产品设计的目标

产品设计的目标是构建一个既促进经济发展又兼顾环境保护，实现人与自然和谐共生的产品生态系统。这一目标要求产品设计在追求经济效益的同时，必须充分考虑产品的环境友好性和可持续性，推动社会的绿色发展。

4. 产品设计的基础

通过有效的市场营销策略、成本控制及盈利模式创新，为产品投资商、消费者、制造者及服务提供者等所有利益相关者创造最大价值，是产品设计成功转化为市场商品并实现持续盈利的基础。

5. 产品设计的工作对象——"人"

产品设计中的"人"是一个广义的概念，它不仅包括直接受益的产品消费者（购买者与使用者），还涵盖了产品生命周期中的各类参与者，如产品投资商、制造商、工程技术人员、生产职工、维修护理人员以及市场推销员和物流职员等。这些主体在产品设计的不同阶段发挥着不可或缺的作用，共同推动产品的创新与发展。

二、产品设计专业研究对象的内涵

产品设计专业作为工业设计领域的深化与拓展，其学科渊源与工业设计紧密相连，尤其是与艺术类工业设计在研究对象上存在着历史性的连续性，共同关注从单一工业产品向人—机—环境综合系统的演变。然而，产品设计专业在继承中发展，更侧重于设计学的专业性，形成了独特的学科特色。其核心在于"产品核心"，即直接服务于消费者需求的产品本质；进而延伸至"产品形式"，涵盖了物质与非物质层面的品质、特征、造型、品牌理念及包装系统等市场流通要素；最终拓展至"产品延伸"，强调产品带来的附加价值，如服务、维修等便利措施，全面提升用户体验。产品设计的本质在于构建以产品为媒介的多维关系链与平衡点，综合考量生产方式、商业模式与消费者需求，探索产品的新价值与利润增长点。这一过程体现了跨领域、跨行业的团队协作，要求设计师与多方利益相关者紧密合作，发掘并转化潜在需求，创造经济价值的同时，倡导文明、健康、和谐的生活方式。因此，产品设计不仅是技术与艺术的融合，更是时代经济、文化、思想的综合体现。

三、产品设计专业研究对象的外延

研究产品设计专业研究对象的外延，需综合考虑时代背景、专业现状及其未来发展趋势三个维度。产品设计作为一门跨学科领域，深度融合了科学、艺术与经济等多重元素，其传统定义根植于工学与美学的交汇，在于通过工业化批量生产方式打造的工业产品设计。

随着20世纪60年代信息化浪潮的兴起，计算机等信息产业产品亦被纳入工业设计视野，拓宽了研究范畴。时至今日，尽管工业与信息技术飞速发展，批量化生产的工业产品仍为核心研究对象，但产品设计领域已显著超越传统边界，新兴领域如信息艺术设计、服务设计及用户交互界面设计等，均成为不可忽视的探索方向。因此，在推动产品设计专业建设时，我们既要尊重并深化对传统研究对象的理解，也要勇于突破，将研究视野拓展至产品策划、信息设计及服务设计等前沿领域，紧密对接信息时代的需求，不断丰富和完善产品设计的研究范畴，以适应并引领未来的发展趋势。

四、产品设计中的隐喻

在信息化与文化多元化的今天，人们的情感需求更加多元化，产品设计中隐喻手法的运用变得尤为重要。隐喻，是源自语言修辞学的概念，通过类比与联想，将不同事物相联系，为产品设计增添了新的维度和价值。设计师运用隐喻，不仅能够直观表达设计理念，还能深刻触动人心，传递情感与思想，使产品成为连接艺术与生活的桥梁。隐喻设计融合了个人想象、民族文化与社会价值，要求设计师在创作时充分考虑用户背景，确保设计能够精准传达情感与理念。对产品而言，隐喻的表现形式丰富多样，如材质、结构、色彩及使用方式等，均可作为符号元素，传达特定主题，引发情感共鸣。隐喻设计涉及相似性、互动性与认知性三个层面，通过写实与写意两种手法，将设计理念具象化，使产品既简洁又具有深刻内涵。因此，现代产品设计在关注物质形态的同时，更应重视人们心理活动、精神生活与文化修养的融合。隐喻手法的巧妙运用，正是实现这一目标的有效途径。

第二节　现代产品开发设计的特点及其重要性

一、产品开发设计理论

设计是为满足消费者某种需求而进行的一种有目的的创造性活动。影响消费者对产品需求的因素有社会角色、工作环境等。关于产品开发设计理论，依据设计域、过程表达以及学科领域，主要可划分为以下几个方面。

（一）公理化设计理论

公理化设计理论为产品开发设计决策提供了坚实的理论基础。该理论框架核心在于四个关键域——顾客域、功能域、物理域及工艺域，以及两大核心公理：独立性公理与信息公理。顾客域即顾客需求，功能域定义了设计需满足的功能要求，物理域涉及实现这些功能的具体设计参数，而工艺域则涵盖了将设计转化为产品的工艺变量。这四个域之间通过参数映射紧密相连，构成了设计决策的逻辑链条。在设计过程中，首要遵循的是独立性公理，即确保功能需求间的独立性，这是获取有效设计解的前提。当面临多个满足独立性要求的设计候选时，需运用信息公理进行评估与筛选，以选出信息内容最少、效率最高的最优设计方案，从而确保设计的精简性与高效性。

（二）一般设计理论

一般设计理论构建于一个基本假设之上，即所有设计元素均可被精确且抽象地表达。该理论主张，一旦设计规范得以明确界定，设计在功能与属性空间之间的映射过程即告完成。为精准捕捉设计对象的全面特性，理论引入了"理想化知识"概念，它整合了当前状态下所有已知设计对象的集合元素，为设计提供了坚实的理论基础。此外，元模型空间作为理论中的关键过渡概念，展现了设计过程的渐进细化本质，即从抽象到具体的逐步构建。富山在此基础上进一步拓展了这一理论框架，他提出精细设计过程模型的提出，为一般设计理论增添了实践深度与可操作性，使其更加贴近实际设计活动的复杂性与动态性。

（三）通用设计理论

通用设计理论（UDT）系统性地将设计过程划分为四个关键阶段：需求建模、产品功能建模、物理建模及详细设计。每一阶段都标志着设计深化与完善的进程。在设计推进中，模型不仅承载着对设计愿景的描绘，还需不断应对来自各方面的冲突与约束挑战。这一过程促使模型自身经历持续的迭代优化与修正，通过解决冲突、协调约束，模型逐步成熟。最终，设计创新得以实现，依托于对现有基本设计元素的创造性重组，推动设计过程迈向新颖与卓越。UDT强调的正是这样一种动态、迭代的设计哲学，鼓励设计者勇于面对挑战，不断优化与革新，直至达成设计目标。

二、产品开发应遵循的原则

（一）创新原则

设计本质上是一种激发创造性思维的活动，它要求设计师不断探索与革新，以实现设计的独特性和前瞻性。在科技进步的推动下，创新可源自对前人研究成果的深化应用，也可通过跨界融合与巧妙组合实现。因此，设计应遵循在继承中创新的原则，即在尊重与吸收既有知识的基础上，勇于突破，创造出前所未有的价值。

（二）效益原则

效益原则强调在确保产品可靠性的前提下，追求经济性与实用性的最佳平衡。这要求设计师在设计过程中，不仅要充分满足用户需求，实现产品的功能优化，还要注重成本控制与资源节约，力求生产出既具市场竞争力又符合"物美价廉"标准的产品。此类产品不仅能带来显著的经济效益，还能促进社会的可持续发展。

（三）可靠原则

可靠性是产品开发设计的基础。设计师在追求技术先进性的同时，必须确保产品的稳定运行与长期使用性能。无故障运行时间是衡量产品可靠性的重要指标之一，因此，从设计之初就应融入可靠性理念，通过严谨的设计流程与质量控制，确保产品在实际应用中表现出色，赢得用户信任。

（四）审核原则

设计过程本质上是对信息进行筛选、判断与修正的循环往复。为确保设计质量，设计师需实施严格的审核机制，对设计过程中的每一项信息进行细致审查，防止错误信息的遗漏与传播。审核不仅关乎设计本身的准确性，更直接影响到产品的最终品质与成本效益。因此，坚持审核原则，是实现高效、优质、经济设计目标的关键所在。

三、产品开发设计的特点

设计是推动人类未来与社会发展的关键力量，其核心在于创新，这一过程将先进技术转化为生产力，使设计创新成为先进生产力的典范。设计创新不仅是产业升级的重要驱动力，更是社会进步的强大引擎，引领着时代的变迁。历史证明，人类社会产业结构的每一次重大变革，往往伴随着标志性创新产品的诞生，这些产品以其独特价值深刻影响并推动着社会的全面进步。对于投资者而言，生产型企业的盈利目标是其核心关注点。评估产品开发设计的成功与否，往往难以直接且迅速地量化其获利性，因此密切关注市场需求、精准把握产品特点与市场潜力，是确保投资回报与商业成功的关键。这就要求企业在研发过程中，必须把握市场脉搏，不断创新与优化产品，以实现可持续发展与长期盈利。以下是产品开发包含的内容：

（一）开发成本

开发成本指的是企业在产品研发过程中所投入的总费用，是企业追求利润过程中不可忽视的重大投资组成部分，直接关系到项目的经济可行性。

（二）产品质量

产品质量涵盖多个维度，包括产品的优越性能、对顾客需求的满足程度以及产品的质量保障体系。这些因素共同决定了产品的市场竞争力与顾客满意度。

（三）开发周期

开发周期衡量了团队完成产品开发所需的时间效率。它不仅反映了企业对技术变革的响应速度，还直接关系到企业的市场竞争力及投资回报的时效性。

（四）开发能力

开发能力是企业基于过往产品开发经验积累起来的重要资产，它决定了企业未来能否更高效地、经济地进行新产品研发，是企业持续创新与增长的关键驱动力。

（五）产品成本

产品成本结构主要包括两部分：一是资本设备、生产工具等固定成本；二是与每单位产品生产直接相关的变动成本。精确控制产品成本对于提升企业盈利能力和市场竞争力至关重要。

四、产品开发设计的要求

相关企业在进行产品的设计开发时，要重视以下五个方面的要求。

（一）适用性要求

产品开发设计的对象，是指要批量生产的工业产品。在此过程中，产品的适用性要求尤为关键，具体体现在以下几个方面：

1. 产品多样性

设计应确保产品品种与款式丰富多样，以满足不同消费者的个性化需求，提升市场竞争力。

2. 功能明确性

产品功能特点需鲜明突出，能够直接解决用户痛点，提供明确的价值主张，增强用户体验。

3. 生产友好性

产品设计需充分考虑制造工艺的可行性，确保产品易于生产、组装与维护，降低成本，提高生产效率。

4. 生活方式融合性

产品应能够无缝融入并影响人们的生活方式，成为日常生活中不可或缺的一部分，提升人们的生活品质。

5. 生活与环境质量提升

设计应致力于改善人们的生活质量及环境质量，通过使用环保材料、运用节能技术等手段，促进可持续发展。

6. 舒适安全性

产品必须确保用户使用的舒适性与安全性，通过人体工学设计、安全防护措施等手段，为用户创造更加便捷、安心的生活环境。

（二）经济性要求

设计作为企业生存与发展的核心驱动力，其影响力直接关乎企业的命运。企业以产品为核心，而产品的竞争力则是决定企业兴衰的关键，这主要取决于产品的性能、质量及其经济效益。产品开发设计在这一过程中扮演着至关重要的角色，它不仅深刻影响着产品的成本构成与合理性，还引导着企业如何在新一轮设计探索中把握方向。深入研究产品设计规律，需综合考虑产品的使用环境、预期寿命、性能指标与质量控制等多个维度，通过优化设计实现资源的高效利用，力求在新产品开发中追求价值的最大化，同时最大限度地减少物质与能源的消耗，以绿色、可持续的方式推动企业稳健前行。

（三）通用性要求

设计是产品全生命周期的起点，直接塑造了产品的功能与性能，包括其造型、结构、质量、成本效益、可制造性、可维修性以及废弃后的处理方案，乃至人—机—环境间的和谐关系，均在产品设计阶段得以完成。设计品质直接决定了产品的最终品质。

设计师在进行产品设计时，需遵循一系列通用性要求，以确保产品的市场竞争力与适应性，具体体现在以下几方面：

1. 标准化与通用化

力求设计过程中最大限度地实现设计标准统一、零部件通用化以及产品系列化，以降低生产成本，提高生产效率和产品兼容性。

2. 简化设计

简化产品结构、形式、种类及系列，通过优化减少不必要的复杂性，提高产品的可靠性和可维护性，同时降低用户的使用难度。

3. 国际标准化接轨

紧跟国际产品先进标准，确保产品设计达到国际水平，增强产品的国际竞争力，为产品顺利进入国际市场奠定基础。

4. 提升互换性与替代性

增强产品与零部件之间的互换能力，以及产品与进口产品之间的替代与互换性，加速产品在国内及国际市场的流通与普及，提升市场响应速度与灵活性。

（四）继承性要求

在国际市场上享有盛誉的大型企业，其快速推出新产品的能力往往得益于对产品发展继承性的深刻理解和恰当运用。在众多产品开发实践中，继承性特征显著，并成为新产品研发的重要基础。因此，企业在推进新产品开发时，首要任务是识别并珍视原有产品中的技术精髓、高效生产装备及成熟工艺，确保这些宝贵资产得以延续与优化。同时，加速新产品从设计到投产的进程，为产品迅速占领市场创造有利条件，是继承性原则在现代企业管理中的生动体现。

（五）时效性要求

企业完成新产品开发后，面临的核心挑战在于如何精准把握市场脉搏，根据目标消费市场的特性，科学制订上市时间表与地点选择策略。这一决策过程旨在最大化新产品在进入市场初期的渗透率与占有率，通过精准的市场定位与及时的营销策略，确保产品能够迅速获得消费者的认可与青睐，从而在激烈的市场竞争中脱颖而出。

五、现代产品开发设计的目的与意义

产品作为企业与消费者之间的直接联系，不仅与人们的物质生活、社会活动紧密相连，还深刻影响着人们的精神世界，是支撑现代生活的重要物质基础。企业在社会中的价值，显著体现在其产品如何融入并丰富人们的日常生活。为了维持并提升企业的存在感与价值，企业需依据产品规划，持续探索与推出新品。因此，产品开发设计成为企业一切活动的基础，其内容主要包括：一方面，创造满足新生活需求的全新产品，引领市场趋势；另一方面，对现有产品进行改良、二次创新及系列化拓展，通过不断进化来巩固市场地位，推动企业持续发展。

（一）产品开发设计的目的

产品开发设计的终极目标是服务于人，旨在全方位满足人类多样化的需求。消费者是设计的直接体验者与最终评判者，其满意度是衡量设计成功与否的关键指标。设计者侧重于以人为核心，通过实用、安全与审美等多维度功能设计，提升用户体验。生产者则关注产品市场流通与利润实现，通过销售等环节将产品送达消费者手中，间接获取经济回报。社会层面而言，产品设计需响应人类社会的共同需求，强调可持续性与前瞻性，力求在减少资源浪费与环境污染的同时，推动社会进步。企业策划活动的目标多元且深远，旨在创造新生活方式、精准捕捉消费者需求、赢得市场订单、优化促销策略、巩固并拓展客户基础、协调内部资源、明确部门职责、提升产品技术与质量水平，并有效管理开发过程中的不确定性与风险，确保企业持续健康发展。

关于企业的产品开发设计体系，其构建根基深植于市场观念之中。新产品设计开发计划的核心作用，可集中于以下四个方面：

1. 顺应市场变化

面对科技日新月异与市场信息瞬息万变的环境，产品技术竞争愈发激烈。社会多元化发展促使消费者价值观与生活方式变迁，进而缩短产品市场生命周期。因此，产品开发设计需强化市场调研、分析与预测能力，确保产品紧跟市场动态，灵活应对技术迭代与消费者偏好变化。

2. 强化市场竞争力

市场经济体制下，企业产品竞争力持续提升，市场竞争格局复杂化，涵盖同类产品、跨行业乃至国际竞争。为稳固市场份额，企业应避免单纯依赖价格竞争，应转向探索非价格竞争策略，如创新技术应用、环保材料选用、款式多样化及品牌信誉建设等，以差异化优势参与市场竞争。

3. 推动企业内部完善

产品开发设计规划需与企业整体发展战略紧密衔接，针对产品结构局限，通过制订详细的产品开发计划，深化产品内涵，拓宽产品系列，实现产品线的丰富与升级，从而提升企业综合竞争力，减少外部不利因素对企业利益的影响。

4. 促进企业持续发展

产品生命周期如同生命体，经历引入、成长、成熟、饱和至衰退各阶段。企业需通过前瞻性的产品开发计划，不断研发新产品，确保在现有产品步入衰退期时，已有接替产品顺利接棒，保持企业活力与市场地位，实现可持续发展。此过程需有计划、有步骤地推进，确保企业利益与市场竞争力的持续增强。

（二）产品开发设计的意义

关于产品开发设计的意义，主要体现在以下几个方面。

1. 人的方面

随着工业社会的快速发展，物质财富的激增并未同比例提升人们的幸福感。现实中，不合理的设计屡见不鲜，不仅导致生理不适，还引发心理困扰，甚至社会层面的负面影响，成为现代生活的烦恼之源。因此，产品设计应深度融合人机工程学原理，确保产品既符合人体工学，又满足人的心理需求。同时，融入美学元素，使产品在提供实用功能的同时，也能带给用户审美愉悦，激发情感共鸣，提升生活品质。

2. 市场方面

在高度集中的工业化生产环境下，产品同质化现象日益显著。为在激烈的市场竞争中脱颖而出，企业需采取双轨策略：一是增强产品的功能性与创新性，并提升其审美价值，以此提升产品吸引力和附加值，构建差异化竞争优势；二是将市场导向融入产品设计与生产过程，通过系统化思维合理组合产品功能，并从营销视角为企业提供策略支持，确保产品精准对接市场需求，占据有利的市场地位。

3. 环境方面

工业化大生产虽极大地丰富了物质世界，却也加剧了资源消耗与环境压力。因此，产品开发之初便应秉持绿色设计与可持续发展理念，致力于构建"人—产品—环境"的和谐共生关系。具体实践中，需优化产品材料选择，推广环保材料应用，减少资源消耗与环境污染；同时，设计应引导用户形成绿色消费习惯，通过创新使用方式，提升产品能效，延长使用寿命，共同促进地球生态环境的可持续发展。

第二章

产品设计的程序与原则

第一节　产品设计的核心原则

一、形式美原则

作为人类本质特征的体现，对美的追求贯穿人类文明的始终，人们不断依据美的法则构建自己的生活世界。在劳动实践中，人类不仅创造了实用性的产品，更赋予了它们审美价值，使产品成为实用与艺术的完美融合。自古以来，人类对美的认知与追求从未停歇，从远古时期对生产工具和生活用品的有意识装饰，到"串饰"等艺术品的诞生，无一不彰显着人类对美好事物的向往与创造。形式美原则，如对立统一、比例和谐、对比调和、对称均衡、稳重轻盈、过渡呼应以及节奏韵律等，是人类在长期社会实践中，通过对自然界与人工造物复杂形态的深入观察与分析总结出来的，这些原则不仅揭示了事物之美的内在规律，也为我们提供了认识美、欣赏美乃至创造美的有力工具。

下面主要讨论产品造型设计形式美的问题，产品只有功能美与形式美达到完美统一才能完整体现其价值。

（一）统一与变化

统一与变化是造型艺术形式美的基本原则，是诸多形式美的集中与概括，反映了事物发展的普遍规律。

1. 统一性原则

统一性原则强调事物整体各组成部分之间的内在联系、呼应与秩序，旨在营造一种和谐一致的美学氛围。在造型艺术中，统一性原则有助于消除杂乱，强化整体感，展现出秩序井然、和谐统一的美学特质。然而，过度的统一可能导致设计显得单调乏味，缺乏视觉冲击力。因此，在追求统一的同时，需巧妙融入变化元素，以避免设计陷入呆板。

2. 变化性原则

变化性原则侧重于事物内部各元素间的差异性，通过相互矛盾与对立的关系，激发设计的活力与新颖感。变化是视觉吸引力的源泉，能够打破单调，赋予设计以动态美感。但变化需受到统一性原则的约束，避免无序与混乱，确保整体视觉效果的稳定性与和谐性。

3. 统一与变化的平衡

统一与变化是一对相互依存、相互制约的美学概念，在造型艺术中需寻求二者之间的微妙平衡。产品设计应兼顾统一中的变化与变化中的统一，既保持设计的整体协调性，又不失细节上的创新与突破。这种平衡反映了事物发展的内在规律，是评判造型艺术美感的重要标准。

4. 工业造型设计中的应用

在工业造型设计中，统一与变化的原则贯穿结构布局、外观样式及色彩搭配等各个环节。设计师需根据产品的特性与市场需求，灵活运用统一与变化原则，创造出既和谐统一又不失个性的产品形象。具体应用中，可根据产品类型与功能的不同，调整统一与变化的比例及侧重点，通过对比与调和等手法，实现设计的整体美感与视觉冲击力。总之，统一与变化是工业造型设计不可或缺的美学法则，其有效运用能够显著提升产品的市场竞争力与审美价值。

（二）比例与尺度

在产品造型设计中，任何一件功能与形式完美的产品都有适当的比例与尺度关系，比例与尺度既反映结构功能，又符合人的视觉习惯。人们在社会实践中对事物进行研究与总结，形成了一些固定的符合视觉感受习惯的比例与尺度关系，这些固定的比例与尺度关系在一定程度上体现出均衡、稳定、和谐的美学关系。因此，了解比例与尺度的关系对产品造型设计有重要的作用。

1. 比例

比例作为衡量事物整体与局部间尺寸关系的核心要素，在产品造型设计中占据着举足轻重的地位。它体现为造型长、宽、高之间的精妙平衡，是确保产品既符合人机工程学原理，又能激发视觉和谐美感的关键。随着科技的进步，新兴工业产品不断涌现，为满足不断变化的人体工学需求，新的比例尺度被持续探索与应用。合理的比例设计不仅能够优化产品功能，提升用户体验的舒适度，还能赋予产品以视觉上的和谐美感，是造型设计协调性的基础。这一美学原则，实则源于人类长期劳动实践的智慧结晶，如中国古代木工传承的"周三径一，方五斜七"圆方比例法则，以及绘画艺术中"丈山尺树，寸马分人"的比例尺度观念，均深刻体现了人类对比例美学的深刻理解与运用。因此，良好的比例关系不仅是实用性与审美性的完美结合，更是人类历史智慧在设计领域的生动展现。

（1）几何原则

美的法则源于人类对自然界与人工造物中秩序与规律的提炼，通过归纳纷繁复杂的现象，发现具有明确外形的物体往往遵循着严格的几何规律，其边界、体积与形态均受限于特定的数值关系。这种制约不仅赋予了形体以确定性，也增强了其视觉辨识度与记忆点。在产品造型设计中，比例关系常借助几何学原理来展现，如正方形、三角形、圆形及黄金分割比等经典几何形态，它们内含严谨的比例逻辑，是实现视觉和谐与美感的基础。

（2）数学原则

自17世纪以来，数学领域的飞跃式发展使复杂的几何现象得以简化为有理数与无理数的比率关系，从而催生了以形体比率绝对数值为研究核心的数学原则。在工业产品造型设计中，这一原则要求比例关系的数值设定必须精确且简洁，元素间应形成倍数或分数的逻辑联系，以确保设计比例的优雅与和谐。常用的比例模型包括等差数列比、调和数列比、等比数列比，以及涉及无理数的复杂比率、弗波纳齐数列比和贝尔数列比等，这些数学工具为设计师提供了构建理想比例形式的科学依据。

（3）模数原则

模数作为一种标准化的度量基准，贯穿造型设计的整体与局部之中，是实现统一和谐美感的关键手段。通过一套或几套模数系统的运用，设计师能够确保设计元素从宏观布局到微观细节的高度一致性。例如，采用相同高宽比的矩形序列，不仅简化了设计复杂度，还因共享对角线及比率特征而强化了整体的统一感与和谐美。在建筑设计中，模数原则同样适用，如保持窗口与墙面高宽比的一致性，有助于营造视觉上的连贯与和谐，增强空间的整体美感。

（4）比例的运用

产品的形体比率关系一般与自身的结构直接相关，应根据力学原理及材料、生产技术来决定。同时还要考虑艺术的形式美问题，即将产品的结构功能与造型形式完整地结合起来，使产品既有合理的形体比率，又有美丽的造型。

2. 尺度

尺度是衡量产品形态与人体适配度的关键指标，其核心在于产品与人体尺寸间的协调关系。这种协调不仅关乎视觉上的和谐，更直接影响到产品的实用性与舒适度。在造型设计中，尺度要求产品设计需紧密贴合人体工学，确保产品尺寸与用户的使用习惯、生理特征相匹配。例如，手表的设计需细致考量手腕粗细，男士手表适度增大以匹配其较粗的手腕，而女士手表则精巧细致，以符合女性手腕的纤细特征，避免尺寸失当导致的视觉与功能上的不适。此外，尺度与产品功能紧密相连，统一的尺度设计不仅是实现形式美感的关键，更是提升产品用户体验的重要途径，确保产品在使用过程中既美观又实用，真正实现以人为本的设计理念。

（三）对比与调和

对比是变化之根，调和是统一之源。对比即事物内部各要素之间相互对立、对抗的一种关系，对比可产生丰富的变化，使事物的个性更加鲜明。调和是指将事物内部具有差异性的形态进行调整，使之和谐统一，体现具有同类特征的关系。

1. 对比与调和的关系

对比与调和是造型艺术中反映事物内部动态平衡的两种状态，共同塑造着作品的独特魅力与和谐美感。对比通过强化形体间的差异性，赋予作品以鲜明个性与生动活力，是丰富形式表现的关键手法；而调和则强调元素间的共通性，促进类别归属与整体和谐。二者相辅相成，对比过强易导致突兀失衡，调和过度则可能失于平淡无奇。在产品造型设计中，精准把握对比与调和的"度"至关重要，需根据产品特性、功能定位及目标消费群体，灵活运用形态、色彩、质感等多维度对比元素，如方圆、曲直、明暗、冷暖、光滑与粗糙等，力求在对比中展现产品特色，在调和中保持视觉统一，最终实现既生动丰富又合理美观、实用便捷的设计效果。

2. 对比与调和的具体形式

（1）形态的对比与调和。生活中的各种事物都以不同的形态表现为一种客观存在，其可观可感，人们可通过视觉感受到不同形态的样式。主要有原生形、派生形、单一形、复合形、具象形、抽象形、几何形、自然形、有限形、无限形等。不同的形态都可形成一定的对比与调和关系。

产品造型形态的对比与调和主要表现为以下各元素相互关系的变化。

①线型的对比与调和。线型作为造型艺术中极具表现力的元素，涵盖了曲直、粗细、平斜、疏密、连断等多重维度。曲直关系尤为关键，它构建了线面间的动态平衡，其对比与调和的强度需依据具体产品造型特性灵活调整。例如，在交通工具、电子电器及化妆品容器设计中，曲线元素占据主导地位，通过流畅的线条营造出和谐亲近的视觉体验。波状线的柔美与蛇行线的引力，共同赋予了曲线造型以浪漫而温柔的视觉美感。

②体形的对比与调和。每一件产品都承载着独特的形态语言，形体间的对比与调和是丰富造型层次的关键。通过明确主次关系，不仅强化了整体结构的清晰度，也为局部细节增添了生动与活力。以电视机设计为例，主体部分的方正稳重与控制键的圆润灵动形成鲜明对比，既体现了设计的统一性，又不失细节的趣味性。

自然界是形态多样性的宝库，其生物形态遵循着自然法则的指引。圆形作为原生形态，广泛存在于自然界的果实与花朵之中，其在人类社会中则象征着圆满与和谐。从圆形出发，派生出矩形、三角形等基本形态，它们在现代设计中占据重要地位。形态的选定往往服务于产品的核心功能，如车轮与灯泡的圆形设计旨在减少摩擦与能耗，而书本的方形则便于堆叠与翻阅。从视觉张力的视角审视，圆形展现出向四周扩散的动态美，矩形与三角形则以其明确的边界传递出方向感与稳定性。三原形间的巧妙融合，不仅丰富了视觉层次，更实现了对比与调和的和谐共生。

（2）材质的对比。材质的多样性不仅丰富了产品的视觉与触觉体验，还深刻影响着用户的心理感受，尽管它们通常不直接决定产品的功能性。同一产品，当采用不同质感的材料进行呈现时，能够创造出截然不同的视觉效果与触觉反馈。材质的对比与调和，如软与硬、刚与柔、朴素与华丽、光滑与粗糙、透明与不透明等特性，不仅增添了产品的层次感和个性魅力，还使用户在与产品的每一次互动中都能产生独特的情感共鸣，从而提升了产品的整体品质与价值感。

（3）色彩的对比与调和。自然界以其斑斓的色彩赋予万物以生机与美感，色彩不仅是美的源泉，更是生命活力的象征。在产品设计中，色彩的运用同样是创造美感不可或缺的一环。人们对色彩的感受可归结为两大层面：一是基于色彩物理属性的直观体验，如色相、明度、纯度的直观呈现；二是色彩触发的深层次心理反应，如冷暖感受所蕴含的情感共鸣。这两种感受的交织与对比，通过色彩的巧妙搭配与调和，不仅塑造了产品的独特视觉形象，更在无形中触动人心，实现了功能与美学的和谐统一。

（四）对称与均衡

事物的造型一般表现为相对稳定的一种形态，而在各种复杂的形态中又体现出一定的形式美感，并在一定程度上蕴含着对称与均衡的关系。对称与均衡反映事物的两种状态，即静止与运动，事物是运动发展的，但受重力的作用又表现为相对静止。对称具有相应的稳定感，均衡则具有相应的运动感。

1. 对称

对称是自然界中广泛存在的一种结构美学，不仅深刻地体现在生物体的精妙构造之中，也渗透于人类生活的方方面面。从人与动物的正面轮廓到植物的叶脉纹理，从鸟类昆虫的双翼到树木在水中的倒影，无不展现出对称或近似对称的和谐之美。这种美学规律，自古便为人类所发现并巧妙应用于生活中，无论是气势恢宏的古建筑如北京的故宫，还是温婉雅致的民居如皖南的水乡，乃至精巧的传统家具、室内陈设、劳动工具及日常器具，无不彰显着对称设计的匠心独运与视觉平衡的艺术追求。对称是求得稳定美感的重要形式，表现出多种样式：

（1）轴对称。轴对称是物体在某一轴线两侧的形状呈镜像对称，即左右或上下两侧在轴线处折叠后能够完全重合。这种对称性不仅展现出一种精确的几何美感，还赋予了人类一种稳定与和谐的视觉体验。

（2）旋转对称。旋转对称是轴对称的延伸，它指物体绕其对称轴上的某一点旋转一定角度后，其形态能够与原始形态重合。这种对称形式不仅增强了物体的动态美感，还赋予其一种旋转不息的活力。

（3）螺旋对称。螺旋对称是一种更为复杂的对称形式，它涉及非对称形态绕某中心点连续旋转而产生的视觉效果。这种对称不仅展现了自然界的奇妙与复杂性，也为产品设计提供了丰富的灵感来源，创造出独特而富有动感的形态。

在实际生活中，对称造型的产品应用极为广泛，从微小的日常用品如纽扣、剪刀、手表，到庞大的交通工具如汽车、飞机，乃至工业设备如大型机床，均可见其身影。对称设计不仅追求物体的安稳与平衡，还通过其独特的视觉语言传递出一种庄严与稳重的美感。然而，过度的对称也可能导致设计显得单调乏味，因此在造型布局时，设计师往往需要结合均衡原则，以创造出既统一又富有变化的视觉效果。

2. 均衡

均衡作为造型艺术中异形同质的体现，其形式美远超对称的单一性，展现出更为丰富多变的魅力。均衡是指在视觉布局上，造型元素虽在形态上各异，却在视觉重量或运动力度上达到一种微妙的平衡状态。这种平衡不仅体现在上下、左右、前后的空间分布中，更蕴含了一种动态的美感。与对称相比，均衡更贴近自然界的真实状态，展现出多样而和谐的美。在艺术创作中，均衡不仅受物理重力的影响，更深受人类心理作用的影响。色彩、质感、图案等视觉元素的变化均能微妙地调整均衡关系，这种调整源于视觉对心理的深刻影响。例如，通过调整色彩图案，即便是对称的物体也能获得均衡感。一般而言，形态规则、色彩清晰、图案简洁的设计更易达到均衡效果。均衡设计赋予作品以内在的动态秩序美，相较于对称，它更富变化与趣味，能够生动展现事物的生命力。然而，均衡虽美，其重心稳定性却不及对称，因此在需要庄重、稳定感的造型设计中需谨慎使用。

在实际应用中，设计者常将对称与均衡巧妙结合，既在整体布局上保持对称的和谐，又在局部细节中融入均衡的灵动，或在总体均衡的基础上点缀对称元素，乃至在色彩与装饰布局上采用均衡原则，以此实现视觉上的活泼与美感最大化。总之，对称与均衡是形式美的两大原则，设计者需灵活运用，综合全局考量，以创造出既和谐又富有变化的优秀作品。

（五）节奏与韵律

1. 节奏

节奏是指事物内部各要素按照一定的规律与秩序重复排列所呈现出的美感形式，它揭示了自然界与人类社会中普遍存在的有序发展状态。尽管事物发展错综复杂，但其中蕴含的周期性重复与变化，正是节奏感的源泉。从昼夜更替、四季轮回到人体的呼吸、心跳，无一不展现出节奏的力量。在艺术领域，节奏同样扮演着举足轻重的角色，它渗透于音乐、舞蹈、绘画、诗歌及电影之中，如音乐的节拍起伏、舞蹈动作的重复与变异、绘画中点线面的有序排列、诗歌韵律的循环往复，以及电影情节的张弛有度，均体现了节奏的精妙运用。尤为显著的是，装饰绘画中的二方连续图案，以其高度的重复性与统一性，成为节奏感最为直观的视觉表达。节奏不仅赋予了艺术作品以条理与秩序，更强化了其统一、重复所带来的和谐美感。

2. 韵律

当节奏融入强弱、快慢、轻重的变化，呈现出一种更加灵动与丰富的表现形式时，便升华为韵律。韵律是节奏的进阶形态，如果说节奏展现了一种工整与宁静的美感，那么韵律则以其变化多端与轻盈灵动见长。韵律在保留节奏基本框架的同时，注入了更多的情感色彩与动态元素，使整体表现更为生动与饱满。节奏是韵律的基础，而韵律则是节奏在艺术表达上的深化与升华，二者相辅相成，共同构成了艺术作品中不可或缺的美学要素。

二、经济性原则

产品设计是市场经济的直接产物，其发展与经济息息相关。众多发达国家已将工业设计提升至国家战略层面，以推动经济与国力增长。经济性原则在产品设计中占据核心地位，旨在投入最少资源（财力、物力、人力、时间）实现最大化经济效益，确保产品在功能实用与审美兼具的同时，达到既定的可靠性与使用寿命标准，真正实现"经济实用、物美价廉"。在市场经济背景下，工业设计师必须将经济可行性置于设计决策的首位，因为资金支持是项目启动的前提。投资者在评估项目时，首要考量的是资本安全与预期收益，只有当设计项目能确保盈利并为用户带来切实利益时，方具实施价值。现代经营理念进一步强调，产品设计需超越单纯的制造与销售环节，提升用户的使用体验与满意度，追求使用性能、使用费用与制造费用的综合最优解，即产品设计的经济性最大化。因此，深入分析产品的经济效果，优化设计方案，是实现这一目标的关键路径。

设计必须在职业道德、法律和安全限度的制约下取得最大的利润，不能为了增加利润而在设计中偷工减料。因此，设计师在设计产品时，为了达到"经济性原则"，要着重抓好以下几方面的工作。

（一）精细化优化设计方案

设计方案的质量直接关系到产品成本的控制成效。因此，必须高度重视设计方案的论证环节，确保严谨细致。这一过程应基于充分的市场调研，开展深入的技术经济分析，通过多维度对比不同设计方案，以科学的方法筛选出最优方案，从而有效控制产品成本。

（二）严格把控设计方案质量

高质量的设计方案不仅是企业经济效益与社会效益的重要保障，也是资金高效利用与投资回报最大化的关键。每位设计人员都应遵循科学参数与可靠数据，严格按照设计流程操作，确保设计工作的精确性与可靠性，进而提升整体设计质量，实现资源的最优配置。

（三）精准编制设计项目概预算

预算编制虽看似非设计师直接职责，实则不然。作为产品设计的核心参与者，设计师需全面考虑产品从材料采购、工艺选择、模具制造、生产流程优化到零部件加工、包装运输等各环节的成本因素。通过细致入微的概预算编制，设计师能有效控制项目投资，确保成本控制在经济合理的区间内，实践"求适性原则"，即在满足功能需求的同时，追求成本效益的最优化，实现事半功倍的效果。

第二节　产品市场调查的方法与实践

　　一个优秀的产品设计开发，并非无根之木，它始终紧密围绕着"实际需求"这一核心展开。面对同类产品功能的多样性和需求的不断变化，设计致力于将造型与功能紧密结合，创造出和谐统一的产品形象。鉴于消费者期望的不断更新，产品设计无法停滞不前，必须不断探索创新，以寻找功能与美学的完美融合点。在此过程中，设计不仅是艺术创造，更是市场竞争的重要组成部分，其竞争力直接体现在能否为用户带来最大的使用便利与精神满足。因此，设计应始终坚持以用户为中心，从市场调研入手，全面了解市场状况、消费者偏好及竞争对手动态，确保设计既符合时代潮流，又能精准对接用户需求，从而在激烈的市场竞争中占据优势地位。

一、收集资料

　　产品设计开发之初，首要任务是进行全面深入的分析研究，这一过程的顺利进行依赖广泛搜集各类相关信息资料，这些资料将为后续的分析、定位及决策提供有力支持。随着网络与信息系统的快速发展，各厂商与设计公司在信息获取方面享有相似的机会与广度。然而，由于设计开发团队各自独特的企业文化、产品策略背景，以及决策者差异化的专长、偏好与审美，加之团队创意活力的参差不齐，导致对相同信息的解读与应用方向各不相同。因此，广泛且高效地收集情报显得尤为重要，它是产品设计开发迈向成功的必要前提。这一过程不应局限于单一部门，而应鼓励跨部门合作，促进专业间的交流与互动，因为创意的火花往往诞生于不同思维的碰撞之中，通过积极的反馈机制，能够催生出突破性的创新机会，为产品设计开发注入新的活力。收集信息和情报一般要从两方面入手。

1. 有关产品服务用户的情报调查

（1）人们对产品的功能需求。
（2）人们能够出多少钱购买这一产品以及使用它所需的费用。
（3）可靠及耐久性，产品操作上的方便程度和使用过程中的维修问题。

2. 有关市场方面的情报调查

（1）市场对该产品的需求程度。
（2）市场上类似产品的销售情况以及相关产品所占市场份额。

二、调查内容

产品设计调查分为两种情况。

（一）概念性产品设计调查

在企业启动新产品开发计划之初，若最高管理层尚未明确具体产品内容，仅能提供大致的概念描述与方向性指导，此时进行的设计调查便属于概念性产品设计调查。此类调查的特点在于其宽泛性，即调查范围横跨某一广泛领域，涉及多方面信息的收集与整理。鉴于其广泛性，此类调查的工作量相对较大，且需在深入分析的基础上，为决策者提供具体、可操作的决策支持。

（二）明确性产品设计调查

一旦企业最高管理层确定了新开发产品的具体内容，设计调查便进入明确性产品设计调查阶段。此阶段旨在深入了解产品的目标用户群体，包括他们的使用动机、使用过程、思维逻辑、使用效果、学习曲线、操作错误及纠正措施等，并以此为依据对产品设计进行优化。

明确性产品设计调查的内容涵盖三个核心方面：一是产品本身，涉及现有产品的形态、结构、功能、技术特性等细致分析；二是用户研究，深入了解用户需求、使用习惯、价值观及审美偏好；三是市场环境，评估市场需求、竞争态势及竞品现状。对于产品设计而言，尤为重要的是对现有产品状态与用户需求的精准把握，这将直接影响新产品概念的精准定位与后续设计的方向性决策。

三、调查方法

调查方法很多,一般根据调查重点的不同采用不同的方法。最常见、最普通的方法有抽样调查、情报资料调查、访问调查、问卷调查等。调研前要制订调研计划,确定调研对象和调研范围,设计好调查的问题,使调研工作尽可能方便、快捷、简短、明了。通过这样的调研,收集到各种各样的资料,为设计师分析问题、确立设计方向奠定基础。

产品设计的常见调查方法有以下几种。

(一)文献资料调查法

文献资料调查法是一种系统性地收集、摘录与分析情报载体及资料的方法。其操作方式在于广泛搜集相关领域的文献,通过细致的阅读与摘录,提炼出有价值的信息。此方法的显著优势在于能够超越时间与空间的限制,提供真实、准确且可靠的数据支持,同时操作便捷、成本效益高。然而,其局限性也显而易见,即仅限于书面信息的获取,可能无法全面反映实际情况,且存在信息更新的时间滞后性。

(二)访问调查法

访问调查法是一种通过口头交流直接获取受访者观点与信息的调查手段。该方法要求访问者在访问前做好充分准备,建立与被访问者的良好沟通关系,注重非语言信息的捕捉,并详细记录访问内容。对于无法直接回答的问题,需妥善处理以确保数据的完整性。访问调查法的优势在于能够深入广泛地了解受访者的意见与看法,进行灵活且深入的探讨,同时具有较高的数据可靠性,适用于多种调查场景,并有助于建立长期的人际关系。然而,其缺点也不容忽视,如访问质量高度依赖访问者的专业能力与沟通技巧,某些敏感问题可能不适宜当面询问,且整个调查过程相对耗时耗力。

访问调查主要有人员走访面谈、电话采访两种,见表2-1。

表2-1 访问调查法

方法	要点	优点	缺点
人员走访面谈	①可个人面谈,小组面谈 ②可一次或多次交谈	①当面听取意见 ②可了解被调查者习惯等方面的情况 ③回收率高	①成本高 ②调查员面谈技巧影响调查结果

续表2-1

方法	要点	优点	缺点
电话采访	电话询问	收益高，成本低	①不易取得合作 ②只能询问简单问题

（三）问卷调查法

问卷调查法是一种标准化的信息收集手段，通过预先设计好的问卷向受访者征集意见或了解情况。该方法通常包括开放式问卷与封闭式问卷两种形式，以满足不同调查需求。

问卷调查法的显著优势在于其灵活性与高效性。它能够跨越时间与空间的限制，允许受访者匿名参与，从而有效减少干扰因素，提高数据的真实性。此外，问卷调查便于集中处理与统计分析，显著节省了人力、财力和时间成本。然而，该方法也存在一定的局限性。首先，信息主要以书面形式呈现，可能限制了受访者表达的丰富性与深度。其次，问卷调查更适用于简单明确的调查目的，对于复杂或需要深入探讨的问题可能力不从心。再者，由于问卷填答的自主性较高，难以完全控制填答内容的质量，可能导致数据偏差。最后，问卷的回收率与数据可靠性也受多种因素影响，需在设计与实施过程中予以高度重视。

问卷调查法主要有实地邮件查询、留置问卷两种形式，见表2-2。

表2-2 问卷调查法

方法	要点	优点	缺点
邮件查询	问卷邮寄给被调查者，需附邮资及回答问题的报酬或纪念品	①调查面广 ②费用低 ③避免调查者的偏见； ④被调查者时间充裕	①回收率低 ②时间长
留置问卷	调查员将问卷面交被调查者，说明回答方式，再由调查员定时收回	介于面谈和邮寄之间	介于面谈和邮寄之间

（四）观察法

观察法是一种通过直接观察消费者行为或产品使用情况来获取数据的方法，它细分为消费者行为观察与操作观察两种形式。在观察过程中，调查员可借助专业仪器，在不干扰被观察者自然状态的前提下，实时记录消费者的购买偏好、习惯以及产品使用过程中的行为模式。由于被观察者在不知情的状态下展现出的行为更为自然，因此观察法收集到的数据具有较高的真实性和可信度，为产品设计与市场策略提供了宝贵的洞见。

（五）实验法

实验法是一种通过设定特定条件，控制并观察市场变量间因果关系的研究方法。它主要包括模拟实验与销售实验两种形式。在模拟实验中，研究者将新产品或服务的某些要素置于模拟的市场环境中，以测试其效果。在销售实验中，则通常是将尚未全面推向市场的新产品在小范围内进行试销，以收集消费者的反馈意见。实验法的优势在于其客观性和科学性，能够较为准确地评估产品的市场潜力与潜在问题。然而，实验法也存在耗时较长、成本较高等缺点，因此在实际应用中需要权衡利弊，谨慎选择。

（六）小组座谈法

小组座谈法是由一个经过训练的主持人，以一种无结构的自然会议座谈形式，同一个小组的被调查者交流，从而对一些有关问题深入了解的调查方法。

四、调查步骤

产品设计调查分为以下三大步骤。

（一）调查准备阶段

在调查的准备阶段，应依据既有资料展开初步分析，明确调查主题与框架，同时考虑进行初步的非正式调研以获取初步反馈。此阶段，需组织涉及管理、技术及营销等多领域的内部员工及目标客户群体进行座谈，广泛听取他们对调查主题的见解与建议，从而精准定位调查问题，明确调查重点，确保调查工作方向的明确性与针对性。

（二）调查确定和实施阶段

这是调查计划和方案的选定以及具体实施的阶段。主要涉及以下内容：

（1）明确资料来源与调查对象范围，确保数据的全面性与代表性。

（2）根据调查目标选择合适的调查技术与方法，精心设计询问内容与问卷结构，确保问题设置的科学性与有效性。

（3）如采用抽样调查方式，需精心规划抽样策略，包括抽样类型、样本规模及具体样本选择，以提升调查结果的精确性。

（4）组建专业的调查团队，并对团队成员进行必要的培训，以提升调查执行的专业性与效率。

（5）制订详尽可行的调查计划，明确时间节点、任务分配与预期成果。

（6）严格按照计划执行调查，确保数据的真实性与完整性。

（三）调查结果的整理和分析

调查结束后，进入数据分析与报告编制阶段。首先，对收集到的数据进行分类整理，运用数理统计方法深入挖掘数据背后的规律与趋势。随后，将统计结果以图表形式直观呈现，并撰写调查分析报告。报告应满足以下要求：

（1）紧密围绕调查计划及提纲，对关键问题给出明确回答。

（2）确保统计数据的完整性、准确性与客观性。

（3）文字表述简洁明了，辅以清晰的图表，提升报告的可读性与说服力。

（4）提出切实可行的解决方案与建议，为决策提供支持与参考。

五、市场调查分析

市场调查分析是市场调查的核心环节，旨在将零散、模糊、浅显的原始数据转化为系统、清晰、深刻的洞察。这一过程不仅揭示了社会现象的内在规律，还为市场预测提供了坚实的基础，进而支持决策者做出明智的判断。以下是市场调查分析的主要研究方法：

（一）个体独立研究与综合汇总法

1. 个体深入研究

每位调研者独立审阅调查材料，基于调查内容进行深入分析，并将个人见解整理成书面报告提交给上级主管部门。此步骤确保了每位调研者都能从独特视角出发，贡献其专业见解。

2. 综合汇总与去重

主管部门收集所有个人研究材料后，组织专人进行汇总整理。对于相同或相似的研究结果，仅保留最具代表性的条目，同时记录持相同观点的人数。对于不同或补充性的内容，则进行累加，确保信息的全面性与多样性。

3. 分类排序与呈现

将汇总后的研究结果按类别进行排序，优先展示普遍认可或重要性较高的观点，最终汇编成条理清晰、层次分明的书面研究报告。此方法虽耗时较长，但能有效减少个体间的相互干扰，确保分析的独立性与深度。

（二）会议集体讨论与共识提炼法

1. 会议筹备与计划

提前制订会议议程，明确讨论目标与流程，并指定专人担任主持人，确保会议有序进行。

2. 材料展示与自由发言

会议开始时，以适当方式向与会者展示调查材料，鼓励大家根据材料内容自由发表意见，展开讨论。此环节旨在激发思维碰撞，促进多角度、多层次的思考。

3. 共识记录与排序

会议过程中，专人负责记录公认的意见与观点。会议结束后，对这些共识进行整理，并根据其重要性与关联性进行排序。最终形成的共识报告应简洁明了地反映出集体智慧的结晶。

（三）资料分析

在掌握大量信息资料的基础上，对所收集的资料进行分类、整理、归纳，使内容条理化，从而便于分析研究。针对收集到的资料，做如下分析：

(1)同类产品的分析（功能、结构、材料、形态、色彩、价格、销售、技术性能、市场），例如调查大学生用户群体对鼠标产品材质的态度，如表2-3所示。

表 2-3 我对鼠标表面材质的态度

	喷漆表面	塑料表面	橡胶表面	磨砂表面	不同材料混搭的表面
完全不喜欢					
不太喜欢					
无所谓					
比较喜欢					
很喜欢					

(2)功能技术分析(功能、结构、材料、形态、色彩、加工工艺、技术性能、价格、市场)。例如通过对表 2-4 中户外饮用水过滤器产品技术特性的调查分析得出以下几点结论：

表 2-4 产品技术性能调查

类型	水壶式	吸管式	气压吸水式
主要特点	盖子打开后，将水瓶放在水中取水，过滤后可直接饮用	在水源取水，直接通过该吸管将水过滤并饮用	采用机械或电动装置取水并过滤
使用人群	普通用户	普通用户	普通用户及专业用户
技术原理	过滤膜、活性炭、过滤棉组合过滤		
优缺点分析	过滤快，使用方便；但体积大，不便于携带	体积较小，便携，取水方式多样；但功能单一，闲置时没有其他作用	机械感强，稳重安全，使用省力；但体积偏大，造型不美观

①过滤技术已臻成熟阶段，通过精细组合的过滤膜、高效活性炭及优质过滤棉等材质，能够确保水质全面达到并超越饮用水安全标准，为用户提供纯净健康的饮水体验。

②目前市场上的同类产品，其设计重心多集中于功能性实现，在外观造型上则显得较为单一，缺乏独特的设计语言与强烈的视觉吸引力，有待在设计感上进行深度挖掘与创新。

③产品选材以耐用且成本效益高的塑料材质为主，这一选择既满足了生产过程中的工艺需求，又确保了产品在日常使用中的稳定性能与安全性。

④关于产品的便携性，虽然已具备一定的便携特性，但仍有提升空间。此外，当产品处于闲置状态时，容易积聚灰尘，影响后续使用的卫生状况。因此，建议增加防尘保护措施或设计易于清洁的结构，以减少用户在非使用期间的维护负担，确保下次使用时能够直接获得良好的使用体验。

第三节　产品造型设计的创新与优化

一、造型设计概念

产品造型设计作为现代生活与科技发展的产物，是一门融合多学科的综合性学科，其核心在于材料、结构、功能、外观造型、色彩及人机系统的协调优化。它不仅是工业设计不可或缺的组成，更是技术与艺术巧妙交融的典范，既追求技术带来的功能之美，又注重艺术赋予的形式之美。这一领域横跨工程技术、人机工程学、价值工程、可靠性设计以及生理学、心理学、美学、市场营销学、CAD 等多个学科，展现了技术与艺术、功能与形式、人—机—环境—社会之间的高度和谐统一。产品造型设计不仅是工程结构上的设计，更是对功能价值、美学价值及人性价值的全面考量，体现了设计者创造性的系统思维与综合实践能力，旨在创造出既实用又美观，且能深刻触动人心、适应市场需求的产品。

二、产品设计的基本组成要素及相互关系

产品的功能、造型、物质技术条件是构成工业设计的三个基本要素，这三者是有机结合在一起的，其中功能是产品设计的目的，造型是产品功能的具体表现形式，物质技术条件是实现设计的基础。

（一）产品功能

产品功能分为物质与精神两大层面，共同构建产品的综合价值。物质功能体现在产

品的技术核心上，它涵盖了产品的结构性能、工作效率、精确度、可靠性及有效性等关键特性，确保产品在实际使用中能够发挥出预期的功能。同时，它也关注产品的实用性，即如何在使用中体现人机环境的和谐，确保产品既安全可靠又便捷舒适。而精神功能则是物质功能的延伸与补充，它通过审美、象征与教育三个方面来丰富产品的内涵。审美功能借助产品的造型与色彩，触动人的感官，传递美的享受与情感；象征功能则赋予产品更深层次的意义，反映时代特征与文化内涵；教育功能则是将教育理念融入产品设计中，通过具体化的形式促进知识的传递与个人的成长。这两个层面的功能相互交织，共同塑造了产品的独特魅力与价值。

1. 技术功能

在技术设计的语境下，产品被视为满足人类需求的媒介，而非目的本身。产品通过与环境的交互作用，实现对人类生理能力的增强、延伸或替代，这一过程中，功能是设计的灵魂所在。技术，作为物质创造的驱动力，其演进与物质生产的进步紧密相连，互为支撑。技术为产品功能的实现铺设了基础，而功能的不断拓展又激发了技术的革新与突破，两者在相互推动中共同前行。简而言之，技术的成熟是功能实现的先决条件，而功能的追求则引领着技术的持续发展。

2. 实用功能

实用功能是产品在实际应用中所承担的具体任务或角色，它构成了产品的核心价值。每一款产品都承载着特定的实用功能，如笔用于书写、电饭煲用于烹饪、手机用于通信等，这些功能通过产品的物理形态得以体现。设计产品时，必须紧密围绕其实用功能进行，确保形态与功能的完美契合。随着科技进步，人们对产品的功能需求日益多样化，单一功能的产品逐渐被多功能产品所取代，如智能手机集成了通话、娱乐、信息获取等多种功能。然而，功能的扩展也需适度，过度堆砌功能可能导致产品复杂化、成本上升及用户体验下降。因此，在产品设计中，需精准把握实用功能与用户需求之间的平衡，确保产品既实用又高效，更好地服务于人类生活。

3. 环境功能

环境功能关注产品与其所处环境的相互作用，这既包括对使用环境的直接影响，也涉及对自然环境的长远效应。在产品开发设计中，必须充分考虑环境因素，确保产品不仅适应其使用环境，还能对周围物理环境产生积极影响，同时尊重并维护自然生态平衡。当前设计发展的趋势是积极促进环境可持续性，确保产品在整个生命周期内对环境的负面影响最小化。

4. 审美功能

审美功能体现了产品作为艺术品的一面，它通过视觉元素如形态、色彩、材质和结构等，综合作用于人的感官，激发审美体验。随着社会的进步和人们生活水平的提高，对工业产品的审美要求也日益增长。设计师在创作过程中，不仅要考虑产品的实用性和功能性，还需融入艺术审美，使产品在满足基本需求的同时，也能带给用户愉悦的视觉享受和情感共鸣。此外，审美功能的实现还需遵循人机工程学和工程心理学的原则，确保产品的舒适性和易用性。

5. 象征功能

不同社会阶层、教育背景、经济状况和兴趣爱好的人们，会选择具有特定象征意义的产品来展示自己的身份和价值观。产品的外观造型、设计风格等，成为表达个人或群体特征的重要载体。设计师在产品设计过程中，需要深入理解目标消费群体的心理特征、生活方式和社会价值观念，通过精准的设计语言和象征性元素，创造出能够反映并提升用户社会地位的产品，满足其深层次的心理需求。

（二）造型

工业产品的造型，是功能、材料与美学的综合体现，是产品设计最终成果的直接展示。它不仅是产品实现预定用途所采取的结构形式，还深刻反映了产品的设计理念与文化内涵。产品造型通过形态、色彩、材质等元素的巧妙融合，向消费者传达了产品的多重信息，包括使用功能、适用人群、操作便捷性、适用环境以及蕴含的美学与文化价值。这一过程中，美学不再是孤立的美学装饰，而是与产品的功能实现、物质技术条件紧密相连，共同构成了产品设计的核心要素。设计美强调的是美学形态与产品功能的完美融合，它超越了单纯的美化或视觉创新，旨在通过科学合理的创新运用，使产品在满足功能需求的同时，展现出独特的审美魅力。产品造型的成功，离不开对功能、材料、结构、技术及美学的综合考量与精妙平衡，这种综合创新不仅提升了产品的实用性，更赋予了其超越物质层面的精神价值，为产品造型艺术注入了源源不断的生命力。

（三）物质技术条件

物质技术条件涵盖了材料选择、结构设计、机构应用、生产技术与加工工艺以及经济考量等多个维度，共同构成了产品实现的物质基础与技术支持。

1. 材料

作为造型设计的起点,材料不仅限定了产品的物理特性,更在推动设计创新中扮演着重要角色。新材料的不断涌现与加工技术的进步,为产品设计提供了无限可能。设计师需深刻理解材料的性能与美学潜力,合理选用材料,以最大化发挥其物理与精神特征,创造出既实用又美观的产品。

2. 结构

结构是产品功能的载体,也是形式与功能的桥梁。科学合理的结构设计不仅能确保产品功能的实现,还能优化产品的外观形态,提升用户体验。设计师在规划产品结构时,需综合考虑功能需求、材料特性及生产工艺,确保三者之间的和谐统一。

3. 机构

通过精巧的机构设计,产品得以充分发挥其预定功能。机构设计不仅关乎产品内部运作机制的合理性,还直接影响到产品的外部形态与用户体验。因此,机构设计需与产品设计紧密融合,共同推动产品创新。

4. 生产技术与加工工艺

生产技术与加工工艺不仅关乎产品结构的实现与功能的达成,还直接决定了产品的外观质量与艺术效果。随着科技的发展,生产技术与加工工艺不断进步,为产品设计提供了更多可能性。设计师需紧跟技术潮流,确保设计方案的可行性与先进性。

5. 经济状况

在追求设计创新的同时,经济性也是不可忽视的考量因素。合理的成本控制与资源分配有助于提升产品的市场竞争力。设计师需在满足功能需求与审美追求的同时,考虑材料成本、加工费用及生产效率等因素,确保产品在经济上的可行性。

三、产品造型设计的特征

产品造型设计作为一门综合性艺术,与其他艺术设计领域共享审美功能的核心价值,其内在联系植根于技术美学与艺术美学的共通之处,而前者更凸显了科技与艺术的深度融合。

（一）形式美与物质性的和谐共生

产品造型设计巧妙运用点、线、面、体、色彩等造型元素，通过对比、排列组合等手法构建形式美，不仅展现产品内在特质，更激发观者的情感共鸣。这一过程深刻体现了物质材料与工艺手段对美学表达的支撑作用。

（二）科学与艺术的双重奏响

产品造型设计以科学理性与艺术灵感的交织为基础，超越了传统设计的界限。它要求设计师在遵循技术、经济规律的同时，融入个人审美与创意，实现功能与形式的完美统一，赋予产品以双重价值——实用与审美并重。

（三）多领域协同的创作生态

产品造型设计是跨学科合作的典范，涉及工学、美学、经济学等多个领域。这一特性要求其创作过程中必须充分考虑产品的科学性、实用性与艺术性，三者缺一不可，共同构成产品设计的完整框架。

（四）时代脉搏的敏锐捕捉

产品造型设计紧跟时代步伐，反映社会风尚与审美趋势。它不仅是技术的展示窗口，更是文化、艺术与时代精神的载体，通过设计语言传递出强烈的时代感与时尚气息。

（五）人机和谐的极致追求

产品设计的最终目的是服务于人。因此，人机工程学原理在产品造型设计中占据核心地位。设计师需确保产品在满足物质功能的同时，也能提供便捷、安全、舒适的使用体验，实现人与产品的和谐共生。

（六）经济性与功能性的精妙平衡

在追求设计卓越的同时，产品造型设计还需兼顾经济性考量。通过功能价值分析，合理配置资源，确保产品在满足基本功能需求的基础上，实现经济效益的最大化，提升市场竞争力。这一过程中，对产品精神老化与无形损耗的关注同样重要，它们共同影响着产品的生命周期与价值实现。

四、产品模型制作

模型制作这一步骤不仅是设计方案向实际生产转化的必经之路，也是设计成果直观展示与深入研讨的基础。通过精细的模型构建，设计构想以立体化的形式生动呈现，全方位展示产品的外观形态、精准尺寸、人机交互体验、内部结构布局、核心功能特性、色彩搭配、材料质感及表面肌理等关键要素。模型不仅是对设计创意的具体物化，更是设计缺陷的早期预警系统，确保在批量投产前及时发现并修正潜在问题，有效规避经济损失。同时，模型作为设计师与技术人员之间沟通的桥梁，促进了设计理念的深入交流与精准实施，是推动产品设计不断优化与完善的宝贵实物资料。

（一）模型制作工具

在产品设计模型的精细制作过程中，所使用的工具种类繁多，涵盖了度量、划线、切割及锉削等多个方面，这些工具共同构成了模型制作的综合工具箱。

1. 度量工具

用于精确测量模型材料尺寸与角度，确保模型制作的精准度。常见工具包括直尺、卷尺，以及各类专用量具如直角尺（细分为木工直角尺、组合角尺、宽座角尺）、卡钳（有无表之分）、游标卡尺、高度游标卡尺、万能角度尺、水平尺、厚薄规等，它们共同为模型制作提供了坚实的数据支持。

2. 划线工具

依据图纸或实物尺寸，在模型材料表面精准划定加工边界。主要划线工具有划针、划规、划线盘、配备划线平台的辅助工具（如方箱、V形铁、千斤顶）以及样冲等，这些工具确保了模型制作的精确性与规范性。

3. 切割工具

采用金属刃口或锯齿对模型材料进行分割，是模型初步成型的关键步骤。切割工具种类繁多，包括多用刀、勾刀、各类锯条（线锯、钢锯、小钢锯、木框锯、板锯、圆规锯、管子割刀、割圆刀等），它们各自适用于不同材料的切割需求，为模型制作提供了多样化的切割解决方案。

4. 锉削工具

在模型初步成型后，利用锉削工具对工件表面进行精细加工，以达到所需的尺寸、形状、位置和表面粗糙度要求。常见的锉削工具有钢锉、整形锉及木锉等，它们通过去除工件表面的少量物质，实现模型的精准修整与美化。

（二）模型制作分类

产品从设计构思到推向市场，需要设计师通过不同的模型来表现设计意图、完善设计方案、说服客户。模型的种类很多，可按照用途、制作材料、加工工艺、制作比例、表现范畴等进行分类。

1. 按用途分类

模型按用途分类，可分为研讨型模型、展示模型、结构模型、功能实验模型与样机模型。

（1）研讨型模型。研讨型模型旨在通过三维形态具体呈现设计构思，解决二维图纸难以全面展示的形态比例、结构布局等复杂问题。其制作过程是设计深化与调整的关键环节，对于确保设计方向的正确性及后续设计流程的顺利进行具有重要影响。

（2）展示模型。展示模型结合产品效果图与三视图，共同构成产品的完整视觉呈现，为模具开发提供直观的立体参照。在材料选择上，展示模型常采用塑料板材、油泥等，并注重表面涂饰工艺，以追求逼真且富有装饰性的视觉效果。此类模型不仅具有强大的展示功能，还兼具广告宣传的作用，为产品设计的最终定案提供实物依据。

（3）结构模型。结构模型对制作精度要求极高，旨在通过精细的构造展示产品的内部结构、连接方式及尺寸关系等关键要素。此类模型有助于设计师与工艺结构工程师之间的有效沟通，预防设计过程中可能出现的结构问题，提高设计效率与可靠性。

（4）功能实验模型。功能实验模型是在展示模型基础上进一步发展的产物，旨在全面验证产品的形态、结构、物理性能、机械性能及人机工程学等方面的表现。该模型严格按照设计要求制作，确保各组件尺寸精确、配合紧密。通过一系列实验测试，功能实验模型能够提供关键数据，为产品的后续设计与优化提供科学依据。此类模型在连接设计与生产环节中发挥着桥梁作用，确保产品从概念到实物的顺利过渡。

（5）样机模型。作为产品批量生产前的最终验证形态，样机模型代表了产品设计的高级阶段成果。它不仅在功能结构、材料选择、形态色彩等方面完全符合生产标准，还具备极高的加工精度与表面质感，力求完美模拟真实产品的所有特征。尽管样机模型的制作成本高昂，但其作为产品样品的展示价值无可替代。通过样机模型的展示，企业能够全面评估产品的市场竞争力与消费者接受度，为市场推广与量产决策提供重要依据。

2. 按制作材料分类

模型制作材料的多样性为产品设计提供了丰富的表达手段，每种材料都有其独特的优势与局限。以下是对各类模型制作材料的详细分析。

（1）纸质模型。纸质材料以其易获取、成本低廉、成型便捷及质量轻巧等特点，在家具模型制作中广泛应用。然而，其耐压性差、易受潮变形，对于大型模型需增设支撑骨架以防变形；同时，着色效果有限，表面精细度有待提高。

（2）木质模型。选用质地柔软、韧性好、纹理细腻且易加工的木材，木质模型展现出质轻、强度高、不易变形的优点，尤其适合制作大型模型。但其制作过程繁琐、成本较高，且易受温湿度影响，不易修改与填补。

（3）油泥模型。工业油泥因其良好的可塑性、便捷的修改性、可循环利用及低成本特性，在交通工具与家电模型制作中备受青睐。然而，油泥模型不易长期保存，干燥后易开裂变形。

（4）泡沫塑料模型。泡沫塑料以其轻质、易成型、不变形、成本低廉及良好的保存性，适用于制作大型且规整度较高的模型。但需注意其易损性，不易进行精细加工与着色，且需采取防护措施以防酸碱腐蚀。

（5）ABS塑料模型。ABS塑料与有机玻璃作为塑料模型制作的常用材料，广泛应用于交通工具、电子产品等模型的制作中，以其优良的加工性能和外观表现著称。

（6）石膏模型。石膏模型成本低廉、成型简便、雕刻容易且易于保存，适用于各种模型制作及展示。但其重量较大、易碎且细节处理受限。

（7）玻璃钢模型。玻璃钢模型结合了玻璃纤维与合成树脂的优势，具有轻质高强、耐腐蚀、易着色及成型灵活等特点，适用于复杂形态模型的制作。但其制作周期长、弹性模量低且长期耐温性差。

（8）金属材料模型。金属材料模型以其高强度、良好可焊性及涂装性能，在精密机械及电子产品模型制作中占据重要地位。然而，金属材料加工难度大、成本高且易生锈，需特别注意防锈处理。

3. 按加工工艺分类

模型按加工工艺分类，可分为手工模型和数控模型。

（1）手工模型成本低，修改方便，在制作过程中可发现问题、解决问题，及时调整，不断优化设计方案，但制作周期长，精确度不高。

（2）数控模型根据设备不同又可分为激光快速成型模型和加工中心制作模型。

(三)模型制作注意事项

在产品模型制作过程中，确保模型的精准度与真实感至关重要，这要求设计师在制作时需细致考虑多个方面。

1. 合理选择造型材料

材料的选择需基于模型的用途、造型复杂度及成本考量。例如，展示模型和结构模型应选用结实、易装饰且外观保持持久的材料，如塑料或木材，而研讨型模型则可采用易加工、成本低的苯板或油泥。材料的选定直接影响后续的比例与尺寸确定。

2. 恰当设定模型制作比例

根据模型用途选择合适的比例，如原尺、放尺或缩尺。同时，需考虑比例对后续研究与设计的影响，以及展示效果。材料与比例需协同考虑，如大型模型不宜选用纸质材料以防变形，而泡沫塑料则适合大型形态塑造。选择比例时，需平衡时间、材料成本与模型细节保留的需求。

3. 精准把握产品模型形态

通过精确的轮廓线、结构线、转折线等细节来体现造型的准确度。同时，注重形体块面的造型与表面光滑度，以及块面间的转折处理，以增强模型的整体质感。

4. 模块化分解制作流程

将复杂形态拆解为简单模块分别制作，再拼装组合。这种方法有助于提高制作效率，减少材料浪费，并便于精细加工。例如，在制作复杂曲面时，可先分别制作平面与曲面部分，再进行组装。

5. 注重模型质地与真实感

模型的质地直接影响其触摸感与视觉效果。选择能真实反映设计材料的质地与肌理的材料，对于提升模型的真实感至关重要。展示模型尤其需要高真实性的材料与表面处理，以准确传达设计意图。

6. 利用现有物品丰富模型细节

在制作过程中，可巧妙利用现有物品的形态、肌理与质感来丰富模型细节。这不仅能节省时间与成本，还能为模型增添独特的视觉效果与触感体验。

7. 优化制作工序与方法

建立系统观念，优化模型制作流程与方法，以提高效率并降低成本。在制作前详细规划制作步骤、模块分割、零部件制作及安装顺序，避免返工。同时，根据不同材料特性选择合适的加工方式，如 ABS 塑料模型制作时，可采用先部件、后组装的方法，并注重连接处的细节处理。

综上所述，产品模型制作是一个综合考虑材料、比例、形态、质地等多方面因素的复杂过程。通过精细规划与巧妙运用各种制作技巧与材料特性，可以制作出既精准又富有表现力的产品模型。

第四节 产品定位策略的制订与应用

设计师在产品设计初期，需广泛搜集并分析市场与企业的情报资料，深刻理解企业现有的及潜在的生产能力。在此基础上，系统归纳与剖析所发现的问题与挑战，明确核心问题与根源所在，进而确立设计定位。设计定位是一个战略性决策过程，它融合商业化视角，深入分析市场需求趋势，旨在为新产品规划一条符合市场规律的发展路径。这一过程不仅涵盖市场定位，精准捕捉目标客户群体与竞争格局；还涉及消费者定位，深入洞悉消费者需求与偏好；同时，产品定位明确产品核心价值与差异化特点，以及品牌定位，塑造并强化品牌在目标市场中的独特形象与地位。这一系列精准定位策略共同构筑了新产品在未来市场竞争中的坚实基础与差异化优势。

一、产品设计定位的概念

产品设计定位是在综合分析产品特性与市场需求后，为产品设定明确发展方向的战略性举措，它犹如设计过程中的指南针，引领设计思维向预定目标迈进。鉴于产品的目标受众特定且细分，其设计定位需精确对接该群体的核心需求。此过程涉及对科学、技术、经济、环境、法律、社会、心理及地域文化等多重内外部因素的全面考量，这些因素虽对设计构成了一定约束，实则是社会经济与自然环境对设计活动的客观要求与规范。理解并适应这些约束条件，是评估设计自由度、制订精准设计定位策略的关键步骤，它要求设计师在既定框架内发挥创造力，实现设计的最优化。

产品设计定位的核心在于挖掘潜在市场需求，塑造具有竞争力的产品，以吸引并赢得目标消费群体。为此，一个高效的产品设计定位应遵循以下关键原则：

（一）差异性原则

定位需具备独特性，使产品在市场中独树一帜，难以被竞争对手轻易模仿，以此形成品牌特色。

（二）价值导向原则

定位应围绕为消费者创造重要价值展开，这些价值需紧密关联消费者的核心需求或潜在期望，从而增强产品的吸引力和市场竞争力。

（三）优势凸显原则

相较于市场上同类产品或其他获取途径，产品定位应展现出显著优势，无论是功能、性能、用户体验还是性价比方面，都应力求超越，提升消费者满意度。

（四）价格适应性原则

目标消费群体需具备支付该差异化定位产品额外价值的能力，这意味着需合理设定价格策略，既反映产品价值又符合市场消费水平。

（五）盈利性考量原则

产品定位应兼顾企业的经济效益目标，通过精准的成本控制与合理的定价机制，实现产品投放市场后的经济回报，支持企业的持续增长与发展战略。

二、产品定位

（一）产品定位的构成

在目标市场定位分析中，市场被多维度细分为地理、人口、心理、行为及经济等层面，每一维度下又包含详尽的特征项，共同构建了市场的全面画像与变化趋势。针对产品定位，核心在于精准描述目标市场中的用户属性，这是连接企业竞争优势与消费者需求的桥梁。通过市场细分，企业选定特定细分市场作为目标，进而在明确自身与竞争对手差异的基础上，将优势转化为对消费者的独特吸引力，牢固占据其心智份额。产品定位是市场营销战略的关键环节，它利用战略营销手段，在选定市场中为品牌赋予独特位置，通过视觉化的产品造型与风格，塑造出区别于竞品的企业与产品形象，尤其在技术与功能日益同质化的今天，这一差异化策略尤为重要。消费者在选择产品时，会基于自我形象与产品形象的对比，综合考量产品的具体属性（如价格、尺寸）、功能属性（如实用性）以及产品所传达的"性格"或情感价值，形成对产品的整体认知与偏好判断。因此，产品的个性定位不仅是整体形象构建的关键部分，也是引导消费者决策的重要因素，它贯穿产品开发的全过程，涉及形态、结构、材质、色彩、工艺及经济、社会、环境、人机工学、心理、审美等多维度的综合考量。

（二）产品定位的层次

产品定位可分为宏观和具体落实两个层次。

1. 宏观策略层面

在宏观策略层面，产品定位的首要任务是进行全面的市场分析，深入理解总体市场动态；随后，进行详尽的竞争对手分析，明确市场中的竞争格局；紧接着，精准描绘典型目标市场的特征与典型消费者的画像，为产品定位奠定坚实基础；最后，基于前述分析，制订进入目标市场的基本策略，明确产品面向的消费群体，即解决"产品面向谁"的核心问题。

2. 具体执行层面

在具体执行层面，产品定位需将宏观策略细化落地，直接回应"如何以恰当的产品满足目标消费者需求"的实践问题。这包括明确产品的档次定位，确保与目标市场及消费者期望相匹配；界定基本产品构成，确保产品核心要素满足消费者基本需求；细化产品功能定位，突出差异化竞争优势；规划产品线长度，实现产品系列的合理布局；同时，进行产品宽度与深度的科学决策，优化产品结构；在外观设计上追求独特性与吸引力，增强品牌形象；提炼产品卖点，明确传达产品的核心价值；最终，制订合理的产品定价策略，确保产品在市场中的竞争力与盈利空间。这一系列具体措施共同构成了产品定位的完整执行方案。

（三）产品定位与设计定位的关系

产品定位与设计定位都涉及定位的概念，两者的出现都是为了增加产品的价值，但是产生价值的作用方式和侧重点是不同的，需要综合利用这两种战略，以获得利益最大值。根据产品定位和设计定位概念的界定，可以认为产品定位与设计定位的关系是互动的。

1. 产品定位是开发设计定位的基础

设计定位作为一个综合性的系统，涉及产品设计、制造、营销等多个环节，其出发点和归宿均根植于产品定位之中。设计定位是对产品定位的深化与具体化，它从企业设计的视角出发，对产品定位中的关键要素进行再审视与再定位，进而转化为指导设计实践的具体指南。

2. 设计定位使产品定位更具有针对性和可控性

设计定位通过深入分析目标市场的独特需求与偏好，明确在产品开发设计中应优先采用的元素，这些元素不仅最能彰显产品的差异化优势，还能有效吸引目标消费群体的关注。通过对产品设计这一核心工具的巧妙运用，设计定位不仅塑造了产品的独特形象与卖点，更在无形中强化了产品的市场定位，使产品在激烈的市场竞争中脱颖而出，更加贴近并满足消费者的期望与需求。

举例，根据对产品特性的调查分析，对户外饮用水过滤器新产品设计定位如下：

（1）目标用户

①具有青春活力的年轻人，他们喜欢旅游、户外运动，同时对生活品质有一定的要求，崇尚个性时尚、自由自在的生活方式。

②野外作业者、地质工作者、探险勘测人员、涉足户外的新闻工作者等。

（2）技术原理

①过滤膜、活性炭、过滤棉组合过滤。

②吸管式取水。

（3）功能特点

①满足户外过滤水需要，同时在产品闲置时也可以在家里使用，即"户外+家居"的双重使用环境。

②体积足够小，增强产品的便携性。

③改变取水方式，产品底部可以增加水管，使用户在离水源较远时仍然可以取水。

④适当增加某些适用于户外活动的其他功能。

（4）造型风格

改变目前同类产品单一的直筒状外观造型，使产品造型更具有趣味性。

(5)材质与色彩

塑料材质，表面处理要精细，体现高档的质感。色彩应符合趣味性造型的要求，可根据造型形式采用纯色或搭配色。

在以上设计定位的基础上，可采用设计重点图示的方式，使设计师进一步明确产品开发设计时的重点所在，如表 2-5 所示。

表 2-5 户外饮用水过滤器设计定位分析

序号	设计目标	要点	必要	期望
1	双重功能	a. 家居使用		☆
		b. 便携	☆	
		c. 底部增加水管	☆	
2	趣味性造型	a. 趣味性	☆	
		b. 高档的质感		☆
......				

总而言之，产品定位就是要确定品牌或产品要表达的信息是什么，设计定位就是要从设计的角度对信息进行选择和加工，使之更符合目标消费者的审美和精神需求。

三、品牌产品定位

（一）品牌与品牌战略

品牌是一种蕴含经济价值的无形资产，通过抽象化、独特且易于识别的心智概念，来展现其与其他品牌之间的差异，从而在消费者心中占据一席之地。它不仅是销售者长期向购买者提供的一组特定特征、利益与服务的集合体，更是为拥有者带来市场溢价与资产增值的关键要素。品牌的载体，诸如名称、术语、象征、记号及其创意设计组合，共同构成了与竞争对手区分开来的独特标识。其核心增值力源自消费者心中对品牌载体的正面印象与情感联结，这种印象是品牌与消费者互动过程中逐步积累形成的。简而言之，品牌不仅是产品或服务的标识符，更是品牌商与消费者之间信任与认可的情感纽带，它引导着消费者的购买行为，确保在多变的市场环境中，品牌依然能够凭借其在消费者心中稳固而独特的形象，赢得市场青睐。

1. 产品品牌构成

（1）品牌名称。作为品牌的核心识别元素，品牌名称以文字形式存在，通过语言传达，是品牌认知的基础，如"梅赛德斯－奔驰""美的""海尔"等，简洁而富有辨识度。

（2）品牌标记。作为视觉识别的关键部分，品牌标记包含符号、设计、色彩、字母或图案等不可直接读出的元素，通过视觉冲击力强化品牌形象，加深消费者记忆。

（3）商标。作为品牌法律保护的核心，商标通过正式注册获得，确保品牌名称与标记的独占使用权，为品牌所有者提供法律屏障。

2. 企业品牌与品牌战略

企业品牌超越了单一产品范畴，是一个更为宽泛的概念，它涵盖了产品品牌并延伸至企业形象、文化、价值观等多个层面。企业品牌致力于构建一个综合的、多维度的品牌形象，不仅体现产品的基本性能与功能，更蕴含了企业的追求、理念与社会责任。

品牌战略是企业为提升市场竞争力、塑造独特品牌形象而采取的一系列长期规划与行动。它旨在通过创建并维护良好的品牌形象，增强产品知名度，吸引并留住顾客，从而扩大市场份额，实现经济效益与社会效益的双赢。品牌战略是现代企业市场营销的战略高地，它要求企业不断优化产品品质、提升服务质量、深化文化内涵，以全方位、多层次的方式塑造并传播品牌价值。

3. 品牌战略的功能与价值

品牌战略的核心功能在于通过品牌的影响力，传递产品的高质量、高性能与可靠性信息，给予消费者充分的信任与信心。它不仅是产品的标识，更是企业综合实力的体现，承载着企业的科学管理、市场信誉与精神文化内涵。品牌战略的成功实施，能够显著提升产品的市场竞争力，优化市场结构与服务定位，为消费者带来物质与精神的双重满足，从而实现企业的可持续发展与长期繁荣。

（二）品牌战略下的产品定位方法

不同于一般性产品概念，企业或品牌的产品融合了企业产品设计政策与设计师个人理解的精髓，同时考量市场、技术、文化等多重因素，共同塑造出独特的产品识别体系，涵盖外形、用途、功能组合及服务策划等维度。消费者通过视觉解读产品形态，不仅感知其外在的造型、色彩、材质特征，更能领悟其背后的象征意义与品牌价值，从而获得物质与精神的双重满足。产品形态作为信息传递的首要媒介，将企业文化、设计理念与制造水平等内在品质具象化为外在形象，形成统一且鲜明的品牌形象。设计师在设计过程中，需兼顾用户与品牌双重"客户"需求，通过对造型、色彩、质感等视觉特征的精心策划与设计，构建出既符合消费者个性偏好又能强化品牌识别度的感官体验。这一过程不仅促进了产品的认知功能实现，也为后续的使用功能与审美体验奠定了基础，最终达成品牌认同与价值实现的目标。

（三）品牌定位与产品定位的关系

品牌定位与产品定位共同构成了企业市场战略的核心支柱，两者虽各有侧重却紧密相连。品牌定位旨在消费者心中塑造企业所期望的独特形象，通过差异化策略与竞争品牌区分开来，确保品牌价值的持续提升。这一过程强调稳定性与连续性，但亦需灵活应对市场与消费者需求的变化，适时进行品牌重新定位。相较之下，产品定位则在于满足顾客生理与心理需求的个性化设计，通过差异化策略在目标市场中占据独特位置，其本质是产品的差异化塑造。尽管产品定位关注具体产品，而品牌定位侧重于抽象的品牌形象，但两者相辅相成：产品定位是品牌定位的基础，通过产品差异化支撑品牌形象；品牌定位则赋予产品象征意义，深化消费者对产品定位的认知。因此，精准把握两者关系，不仅有助于企业在市场中精准定位，更能推动企业持续成长，在激烈竞争中脱颖而出。

第三章

产品开发中的用户体验与评价

第一节　用户体验的深入解析

一、用户体验的内容与目的

用户体验（User Experience，简称 UE 或 UX）是衡量产品是否易于操作并能激发用户正面情感反应的重要指标。这一体验本质上具有主观性，深受用户个人知识背景、经验积累等因素的影响，因此即便面对同一产品，不同用户也可能产生截然不同的感受。对于技术娴熟、熟悉电子产品的用户而言，操作过程往往流畅无阻，带来积极愉悦的体验；反之，对于老年用户或电子产品新手而言，可能会因操作障碍而感受到挫败与消极。因此，优化用户体验需充分考虑目标用户群体的多样性，确保产品既高效易用，又能广泛适应不同用户群体的需求与能力水平。

尽管用户体验在不同个体间展现出显著的差异性，但深入探索仍能发现诸多共通之处，这为系统研究用户体验提供了坚实的基础。在不同的生活场景和情境下，用户面对相同事物时的反应与行为模式往往大相径庭，这种多样性要求我们既要把握用户体验的普遍性，也要关注其特殊性。用户体验研究正是基于这一理念，致力于揭示用户行为的内在规律与偏好，以指导产品与服务的设计优化。

研究"用户体验"的核心目的在于优化产品设计，确保产品能够更有效地服务于用户，提升用户满意度与忠诚度。这一过程中，深入理解用户需求至关重要，它要求我们细致观察用户行为、倾听用户声音、准确把握用户的真实期望。通过综合运用用户研究、市场调研等方法，我们可以设计出更加贴近用户需求的解决方案，并借助科学的设计评价体系，确保人机交互的流畅性与功能的实用性。

一个好的产品应当具备多重特征：首先，它必须有效，即在特定使用环境下，能够精准满足特定用户群体的功能需求；其次，产品应追求效率与用户主观满意度的双重提升，确保用户在享受高效服务的同时，也能获得愉悦的心理体验；此外，产品的易学性、包容性以及错误及时反馈机制同样不可或缺。这些元素共同构成了用户在使用过程中的整体良好体验。综上所述，一个成功的产品设计应当全面考虑用户需求与体验，致力于创造卓越的用户价值。

二、用户体验的理论研究

（一）用户体验的情感和认知

在探讨用户体验时，必须全面考虑其情感与认知两大维度。人类的认知过程涉及对刺激事件的信息处理，涵盖注意力分配、行为控制、记忆整合及决策制订等多个方面。产品设计需紧密贴合人类的认知特性与限制，确保在执行任务时用户的认知需求得以妥善满足。同时，一个设计优良、具备高可用性的系统，不仅能有效减少操作失误，提升工作效率，还能显著增强使用的安全性与舒适度。用户体验作为产品生态系统中多重刺激事件与人—产品—环境交互作用的产物，其构成涵盖了情感与认知两大支柱。情感维度关注用户内心的情绪反应与主观感受，而认知维度则体现在信息处理效率与任务执行顺畅性。二者相互交织，共同塑造了用户对产品体验的全面评价。

情感需求作为人类高层次的心理诉求，核心在于追求愉悦最大化与痛苦最小化，它贯穿用户与产品交互的全过程。在产品开发设计中，积极回应并满足用户的情感需求至关重要。优质的产品不仅通过其出色的外观、性能、可用性及实用性激发用户的正面情绪，如兴奋、自豪乃至惊喜，还能在用户遇到挫折时提供有效的情绪管理支持。例如，智能手机凭借其创新性的软件系统与丰富应用，极大地满足了用户的探索欲与实用性需求，带来了愉悦的使用体验。同时，产品设计亦应关注用户情绪的波动，通过智能调节机制（如游戏系统根据用户状态自动调整难度）来减少负面情绪，促进积极情感反应。总之，一个能够精准捕捉并有效满足用户情感需求的产品生态系统，将显著提升用户体验，增强用户黏性，在激烈的市场竞争中脱颖而出。

认知需求是指产品和系统如何适应人类认知能力和局限性的要求。它们是非功能性需求，并定义了产品和系统在人类信息处理方面应该是怎样的。研究表明，认知需求有可能影响产品生态系统中最困难的方面，这些方面的复杂性不断增加，包括大量可用数据、及时决策的压力、人力和成本目标以及用户体验的减少。为了充分满足认知需求，需要进行额外的基础研究来理解用户的工作活动和推理过程。

（二）用户体验要素

用户体验是一个多维度、动态变化的复杂概念，它并不局限于与产品交互后的即时感受，而是贯穿交互前、交互过程中乃至交互后的整个流程。这一过程中，用户的内部状态与情感波动、产品系统的实时状态以及外部环境的变化均对体验产生深远影响。因此，全面理解用户体验需综合考量用户状态、系统状态及环境状态这三大核心要素。尤为关键的是，用户的个人价值观作为其认知与评判的基础，深刻影响着他们对产品及服务的整体感知，这一层面在设计初期便应纳入考量范畴，以确保产品能够精准对接用户需求，提升用户体验的整体满意度。

在产品开发的整个过程中，用户体验应该是一直存在的。用户体验在人与产品交互的整个体验流程中都要被考虑到和研究到，对用户在使用产品时的任何一个行为、任何一个思维，都要全面分析。

1. 用户体验的体系

在用户与产品的互动过程中，感官体验作为第一印象的塑造者，其重要性不言而喻。它依赖视觉、触觉等多感官的协同作用，直接影响用户对产品的初步认知与兴趣激发。紧接着，行为体验引领用户深入探索产品功能，这一过程涵盖了操作流畅性、认知效率及即时反馈等多个维度，是用户对产品从陌生到熟悉的必经之路。而情感体验则进一步升华了用户与产品间的联系，当共鸣产生时，产品便不再仅仅是工具，而是成为情感的寄托。思维体验作为高级别的互动成果，促使用户在解决问题后进行深度反思与认知升级，实现了知识与经验的双重增值。关联体验则通过构建个人与更广泛世界（如文化、社群）的联系，拓展了产品体验的深度与广度，使用户在特定场景下获得更加全面而真实的感受。

在追求卓越用户体验的道路上，以人为中心的设计理念是不可或缺的指南针。它强调在设计过程中始终将用户需求置于首位，有效规避了功能导向或技术崇拜的陷阱。通过以人为中心视角审视产品开发与设计，不仅能够精准定位并解决用户痛点，还能激发创新思维，推动产品持续优化与迭代，最终赢得市场的广泛认可与用户的深度信赖。

2. 用户体验四要素

（1）品牌形象。品牌不仅体现在产品的内外设计中，更是企业差异化竞争的关键。独特的品牌标识通过视觉设计得以彰显，强化消费者对品牌的认知与记忆。品牌美誉度直接关联企业在市场中的地位，消费者往往偏好那些口碑良好、实力雄厚的大品牌。衡量品牌表现时，需综合考虑企业门户网站的吸引力、视觉设计与产品外观的一致性、多媒体内容对品牌价值的提升作用、网站对品牌个性的塑造以及品牌资源的有效利用程度。

（2）功能性评估。功能性是衡量产品性能的重要指标，涵盖技术应用、用户交互等多个维度。针对前台用户与后台管理两大板块，功能性评估应关注用户查询与反馈机制的效率、系统对用户指令的响应速度、任务执行进度的透明度、用户信息的安全保密性、线上线下服务的无缝衔接，以及管理员的即时响应能力。

（3）可用性考量。可用性关乎网站内容对用户需求的满足程度。其评估标准包括网站的错误率、错误恢复机制的完善性、界面设计的用户友好度、对常见操作或任务的响应速度，以及系统缺陷的识别与处理能力。确保用户在浏览和使用过程中能够顺畅无阻，是提升网站可用性的关键。

（4）内容质量与多样性。内容是网站吸引并留住用户的核心。优质的内容应表达清晰、简洁，易于理解；页面加载流畅，提升浏览体验；具备错误恢复能力，保障用户访问的连续性；同时，内容需保持时效性与准确性，与企业发展目标相契合。此外，多语言支持也是提升网站国际化程度、扩大受众范围的重要手段。综合评估内容质量，有助于构建更加丰富、多元的网站信息生态。

（三）五大用户体验要素

用户体验可分为五个层次，分别是战略层、范围层、结构层、框架层、表现层，把复杂的用户体验划分成不同方块和层面的模式，每一层描述了如何通过一系列分析方法，使设计中的体验问题更容易控制和解决，并与交互设计产生联系。用户体验不是独立的，而是内外各种因素共同塑造的结果，用户与用户之间的交互、用户与产品之间的交互、用户与销售之间的交互等，都会影响到用户体验感。

不同层次上的体验内涵不同，如下所示：

1. 战略层

确立网站的核心目标与精准捕捉用户需求，是构建优质用户体验的首要前提。企业需明确自身战略定位，同时深入分析并界定用户群体的具体需求，以此为基础制订详尽的产品战略部署规划，为后续工作奠定坚实基础。

2. 范围层

在明确战略方向后，需进一步细化功能规格与内容规范。企业应依据用户需求与设计目标，详细规划网站所需实现的功能集合及内容范畴，确保所有元素均紧密围绕战略核心展开，形成具体且可操作的范围界定。

3. 结构层

结构设计阶段在于交互模式与信息架构的构建。企业需系统梳理用户需求，依据其重要性进行优先级排序，进而设计出逻辑清晰、操作便捷的交互流程与信息组织结构，为网站构建一个高效、有序的概念框架。

4. 框架层

在框架设计阶段，需将结构设计阶段的规划转化为具体的视觉与交互元素。设计师需精心规划网站的界面布局、导航系统及信息展示方式，确保在满足功能需求的同时，呈现出美观、专业的视觉效果，并为用户提供流畅的操作体验。

5. 表现层

作为用户体验的最终呈现层，视觉表现承载着将功能与美学完美融合的重任。企业应深入研究用户审美趋势，结合品牌特色与战略定位，创作出既符合功能需求又富有创意的视觉设计作品。这一层次的设计旨在提升网站的整体品质，加深用户对品牌的认知与记忆。

三、用户体验的具体方法

很多企业都已经认识到一个真理：要成功创造出受市场欢迎、吸引人且实用的产品或服务，首要任务是确保卓越的用户体验。为此，必须深入观察并精准理解用户需求。基于此，科学而系统的用户研究方法应运而生，包括精心招募用户进行深度访谈、组织焦点小组讨论、实施现场实地观察以及设计详尽的调查问卷等。企业将根据具体情况灵活选择这些方法，以科学严谨的态度全面审视用户体验，为后续产品优化提供坚实的数据支撑。

以用户为中心的开发模式，要求开发者彻底转变视角，将自己置于用户的具体使用场景中，进行深入的思考与分析。这种根本性的思维转变虽需时间与努力，且因组织而异，却是提升产品可用性的关键步骤。国际标准化组织为此制订了使用性成熟度评价体系，明确了多个成熟度级别，从最低级（即企业尚未充分认识到使用性问题的重要性）到最高级（表示用户中心设计已深度融入企业开发战略，确保产品具备卓越的使用体验）。多数企业正位于这一成熟度连续体的不同阶段，并致力于持续提升，以期达到更高的使用性标准。

（一）问卷调查法

问卷调查作为一种常用的数据收集手段，其核心在于根据明确的调查目标与内容设计问卷，并向目标群体发放以收集反馈。此方法不仅能在调查过程中初步构建调查双方的基本印象，为后续深入访谈铺垫基础，更以其高效的信息搜集能力著称，通过精心设计的封闭式问题引导调查对象提供精确答案，确保数据的针对性和可靠性。问卷设计的多样性反映了不同调查目的的需求，其中封闭式问题结构清晰，便于量化分析，而开放式问题则作为补充，旨在捕捉更丰富的用户行为见解。因此，问卷调查尤为适用于用户定量研究，通过大规模样本的统计分析，揭示用户群体的共性特征，构建用户画像，为产品设计提供精准指导。然而，问卷设计的科学性直接影响结果的准确性，设计不当可能导致数据偏差甚至误导结论。当前，网络问卷调查以其便捷性广受欢迎，但需注意其局限性，即缺乏面对面沟通可能削弱对反馈准确性的把控。因此，在利用问卷调查时，需精心规划问卷设计，确保过程严谨可控，以最大化其研究价值。

问卷调查包括几个主要步骤：设定日程安排→写调查问卷→实施调查。

1. 设定日程安排及写调查问卷

（1）调查问题本身有很多风格。调查问题的风格多样，以适应不同的调查需求和受访者特点。主要风格包括：

①封闭式问题。提供明确的选项供受访者选择，便于数据整理和统计分析。

②开放式问题。鼓励受访者自由表达意见、看法或经历，适合收集深入见解和个性化反馈。

③混合风格。结合封闭式与开放式问题的优点，既收集结构化数据，又允许个性化表达。

（2）设计调查问卷应该注意的问题。在设计调查问卷时，为了确保数据的有效性和可靠性，需要注意以下几点：

①明确调查目的。问卷设计应紧密围绕调查目的展开，确保每个问题都有助于实现调查目标。

②考虑受访者特点。了解受访者的背景、知识水平、阅读习惯等，确保问题表述清晰易懂，避免使用行业术语或复杂概念。

③保持问题中立。避免在问题中暗示答案或引导受访者作出特定回答，保持问题的客观性和中立性。

④控制问卷长度。问卷不宜过长，以免受访者失去耐心或敷衍了事。合理安排问题数量，确保问卷在合理时间内完成。

⑤注意问题顺序。问题顺序应逻辑清晰，从简单到复杂，从一般到具体，逐步引导受访者深入思考。

⑥提供清晰的指示。在问卷开头提供简短的说明，介绍调查目的、保密措施等，消除受访者的顾虑。在每个问题后提供明确的指示，如"请选择最符合您情况的选项""请简要描述您的看法"等。

⑦预测试。在正式发放问卷前，进行小范围的预测试，收集反馈并调整问卷设计。

⑧保护隐私。确保问卷收集的信息仅用于研究目的，并采取适当措施保护受访者的隐私。

设计一份有效的调查问卷需要综合考虑多个方面，从问题风格的选择到问卷整体结构的安排，都需要精心策划和不断调整优化。通过遵循上述原则，可以设计出既符合调查需求又能获得高质量数据的调查问卷。

2. 实施调查

实施调查过程中，需审慎选择样本以确保代表性，合理确定样本量以提高统计效力，并预设偏差控制措施以减轻数据失真风险。调查数据的分析应追求精准度与时效性并重，通过计算与比较两大核心方法深入挖掘数据价值。计算作为基础的统计分析手段，其成果常以制表形式展现，直观揭示数据趋势与潜在的输入错误。然而，问卷调查的真正力量在于多变量间的对比分析，尤其是交叉制表技术的应用，它能有效揭示不同变量间的内在联系与相互作用。随着产品不断演进，用户群体及其对产品的认知亦不断变化，持续开展定性研究并动态追踪用户需求变化，不仅有助于精准把握市场需求，还能主动预测并引领趋势，而非仅仅被动响应消费者行为。这种前瞻性的市场洞察能力，对于企业的长期发展至关重要。

（二）焦点小组法

焦点小组作为用户体验研究领域内历史悠久且高效的方法，自20世纪30年代问世以来，尤其是在市场营销领域，其重要性日益凸显。该方法通过结构化的小组讨论形式，由专业主持人引导目标用户群体深入探讨其偏好、经历及需求优先级，不仅能帮助开发团队快速捕捉用户对产品功能的重视点及其背后的原因，还能作为竞争分析工具，揭示竞品优劣及潜在的市场黑马。尽管焦点小组存在环境偏差等局限，但在优秀主持与深入分析的支持下，它能有效揭示用户的思维模式与决策依据，成为产品概念生成、功能排序及需求理解阶段不可或缺的工具。其高效性、直观性促进了跨部门参与，加速了市场洞察的形成。在产品开发周期的不同阶段，焦点小组均能发挥作用：早期用于明确产品定位与解决方案优势；中后期则助力功能优化与优先级设定，甚至激发创新概念。结合图像技术等手段，焦点小组能深入探索用户期望，其数据虽需其他方法验证，但趋势识别已足以指导初期决策，为UCD（以用户为中心的设计）实践提供了宝贵见解。

（三）用户访谈法

用户访谈作为一种定性研究方法，其核心价值在于深入探索用户在使用产品过程中的具体行为、问题解决策略、目标达成路径，以及未满足的需求和任务执行细节，为设计者提供丰富的用户视角与洞见。定性研究的局限性在于难以精确量化用户行为比例及相关数据，而这正是定量研究所擅长的领域。定量研究能够预测特定用户群体的比例及其对产品设计的兴趣，帮助设计者明确目标受众及其核心诉求，而问卷调查则是实现这一目标的高效工具。在用户访谈方面，尽管其适用于调查对象较少的情况，但通过一对一深度交流，能够收集到用户对产品的真实反馈与潜在需求，访谈过程中的灵活引导还能进一步挖掘深层次信息。将访谈内容与问卷调查结果相结合进行分析，不仅能够弥补单一方法的不足，还能全面提升研究的全面性与准确性，为产品设计提供更为坚实的数据支撑与策略指导。

定性研究要事前对访谈员进行培训和预演，一般情况下会根据调查目标，事前准备一些问题，围绕某一个话题展开相关讨论和研究，按照一定的逻辑顺序，由浅入深地引导用户。访谈程序中要考虑对话如何展开，其核心要点就是在"请教"的名义下，让用户谈论自己对某一产品的体验，如果一开始就突然切入核心话题，会导致用户省略前后关系和情况说明，直接开始谈论中间过程，会缺失很多体验细节。因此要注意步骤中的几个要点：

①要首先构建一种相互信赖的关系。
②要正确了解用户提供的背景信息，了解其特征。
③正确把握使用情况，适当追问。
④需要控制访谈节奏，避免偏离主题。
⑤验证假设性访谈。

根据不同的目的和不同的访谈用户，访谈又可以分为三种访谈方式：结构式访谈、半结构式访谈、完全开放式访谈。

（四）用户画像

用户画像是基于多维度用户特征提取并与数据源整合，旨在塑造一个虚拟但详尽的用户模型，该模型全面描绘了用户的背景信息、个性特征、行为偏好及场景应用等多方面特性。这一过程不仅映射了用户的实际需求与潜在期望，还深刻连接了用户与产品设计之间的桥梁，使设计师能够透过大数据的迷雾，洞察每一位用户的独特全貌，深刻理解其行为背后的动机与逻辑。通过对目标用户的精心选择与深入洞察，设计师能够精准捕捉其需求要点与个性化特征，这一过程对于指导产品开发的方向、优化用户体验具有不可估量的价值。鉴于用户的多样性与需求的复杂性，用户画像作为产品开发与设计的核心驱动力，确保了所有决策与设计活动均紧密围绕用户实际展开，从而打造出更加贴近市场需求、满足用户期待的卓越产品。

（五）眼动实验法

眼动实验方法作为一种先进的用户行为分析工具，能够精准捕捉人们在活动过程中的眼球运动轨迹，深入揭示视觉系统的复杂运作机制。鉴于视觉系统的高度敏感性与信息获取的主导地位（人类约 80% 的信息输入依赖视觉），眼动实验通过高精度的眼动仪，详细记录用户在浏览网页时的眼球定位点、移动路径等关键数据，从而直观反映用户实际关注的信息区域及浏览习惯。这一过程不仅有助于我们深入理解消费者在决策过程中如何筛选、整合视觉信息，还能精准洞察其偏好与兴趣点，为产品设计提供科学、客观的反馈。基于这些宝贵数据，设计师能够做出更加精准、有效的决策，优化用户体验，推动产品向更符合市场需求的方向发展。

1. 眼动的概念

人类视觉系统对物体的清晰辨识依赖眼球的短暂停留，这一过程被称为"注视"，其中眼睛的中央凹精确对准物体是关键。眼球运动复杂多样，主要包括注视活动、眼跳活动及追随活动三大类型。在阅读情境中，眼球并非沿直线平滑移动，而是呈现跳跃式前进，这一现象在实验中尤为显著，研究者尤为关注用户的注视点位置及注视时长，因为这些直接关联到信息的辨识与处理过程。追随运动则体现于观察移动物体时，为保持头部稳定，眼球需随之灵活转动，确保视觉焦点持续锁定目标。从眼球运动机制来看，其有效视野主要集中在约18度范围内，超出此范围则需头部协同转动以辅助注视。因此，在静止注视屏幕时，清晰视野局限于五六个文字左右，促使人们不断转动眼球以全面审视图像与文字信息。面对较大面积的物体，即便在模糊区域，眼球亦能通过短暂注视捕捉其基本轮廓，展现了视觉系统的高效适应性。

2. 眼动追踪研究的价值

眼动追踪技术是一种先进的测量方法，专注于精确捕捉眼球相对于头部的运动轨迹及注视点的位置，以此洞悉个体的视觉行为模式。该技术基于无创手段，主要依赖高精度视频采集设备，记录并分析眼睛在观察不同物体或界面时的运动数据。这些数据随后被转化为注视位置、时长及路径等量化指标，并通过眼动热点图、视线轨迹图等可视化工具呈现，为定性与定量研究提供了强有力的支持。在用户界面评估、广告效果测试、心理学实验等多个领域，眼动追踪技术能够揭示用户浏览习惯、兴趣点分布及信息获取效率，进而辅助研究人员优化设计方案，提升用户体验。值得注意的是，为确保研究结果的全面性和准确性，样本的选择应兼顾多样性，同时根据具体研究目标精心设计实验方案，以确保眼动数据的收集与分析能够精准反映用户行为特征。

3. 眼动数据分析的价值

（1）分析用户注视的行为和习惯并对用户兴趣点进行分析

根据前文分析可以看出，通过眼动追踪技术，可以细致观察用户在浏览界面时眼球的微妙移动及瞳孔反应，这些数据为设计优化提供了有力的量化支撑。在图文并茂的界面设计中，用户究竟是被图片吸引还是专注于文字内容？这一问题的答案往往难以仅凭直观的用户访谈或观察得出全面而客观的结论。设计者与用户在面对同一信息时，由于理解角度和习惯的不同，所关注的重点也可能大相径庭。例如，UI（用户界面）设计师可能精心布局导航按钮，期望引导用户快速定位，但在实际使用中，用户可能更倾向于根据直觉寻找位于关键位置的操作按钮，而非单纯依赖按钮的大小。同样，在自动售货机的交互设计中，用户更容易被大面积、色彩鲜明的广告信息所吸引，而非设计师所强调的造型细节，这进一步凸显了深入理解用户注视行为对于提升设计针对性和有效性的重要性。

（2）帮助研究人员分析和改进设计

在可用性测试，尤其是早期介入的现场观察环节中，面对无反应或过度活跃的用户时，测试结果往往难以客观公正地反映真实用户体验，从而削弱了分析的价值。为确保测试的准确性，研究人员通常采取旁观记录的方式，细致捕捉用户的每一个动作与反应，同时保持警觉以应对测试过程中可能出现的各类突发情况。这一过程不仅要求研究人员敏锐洞察用户需求、困惑及忽略的元素，还需详尽记录这些细节，作为理解用户真实意图和行为模式的重要依据。此外，研究人员还会基于预设假设进行反向推理，旨在深入挖掘问题根源，通过积极沟通与深入了解，进一步明确测试目标，并结合实验数据，综合分析以解答各种疑问，从而确保测试结果的科学性与实用性。

（3）眼动数据很容易解释

眼动热点图作为视觉注意力分布的可视化工具，直观展示了人们视线聚焦的"热点"

区域。图中色彩渐变由绿至红，红色越浓郁之处，标志着该区域吸引了更多且更持久的注视。这种直观的信息呈现方式，即便对于缺乏深厚理论基础的观察者而言，也能迅速捕捉到用户群体关注的核心内容及浏览的优先顺序。眼动数据通过高度可视化的形式，简化了复杂分析过程，使关键信息一目了然，为产品优化与提升用户体验提供了直接且有力的依据。

第二节　产品设计的多维评价

设计评价就是对设计进行评价的过程。设计方案中提及的技术工艺是否可行，材料投入成本及实用性是否能够保证，设计产出的产品是否功能健全等，这些都是需要一套评价标准去验证的。设计内容除了硬件设计外，还有很多软性设计，如产品的艺术设计、科技含量设计等。因此在评价过程中若是依赖定量或理性的方式去评价，对于一些抽象的指标并不适用。正如当接触到一件艺术作品，人们会自然从感官上体验其好坏、优劣，不需要用思维就能得出判断。因此对于设计评价标准更需要把握好理性和感性的统一，主观与客观的统一。

一、产品设计评价的一般步骤

一般步骤分为：确定评价问题、评价标准、评价组织、评价方法、处理观点数据、做出评判、对评价结果输出、评价信息反馈等。具体解释如下。

（一）确定评价问题

这一过程关乎评价对象是设计策略导向、组织结构优化，还是技术开发瓶颈、成本控制效率、市场营销策略，抑或是对特定产品类型及其目标消费群体的深入理解。明确这些要素，是锁定具体评价目标的基础，它确保了评价活动的有的放矢，无论是针对设计方向的战略评估，还是组织运营中的具体难题，或是产品开发周期内的技术挑战、成本控制考量，乃至市场定位与消费者洞察，均需事先界定清晰，以确保评价工作能够紧密围绕核心议题展开，提升评价结果的针对性与有效性。

（二）确定评价标准

标准体系的构建需紧密围绕既定目标展开，其内部指标众多且均指向同一核心目的。这一体系呈现出多层次、多等级的结构特点，从总体框架下的简单等级指标逐层深入至复杂而具体的各级细化指标，形成了阶梯式的递进关系。具体而言，这一体系要先确立总体指标作为宏观导向，随后通过一级、二级乃至三级指标的逐步分解与细化，将抽象的评价目标转化为具体可操作的评估标准。每一层级的指标设计均遵循由简至繁、由概括到具体的原则，以确保评价过程的逻辑清晰与结果的精准可靠。因此，在评价流程的设计阶段，首要任务便是及早明确并确立这些评价标准，以保障后续评价工作的顺利进行与结果的客观公正。

（三）组建评价组织

针对评价问题的具体范围和特性，以及参与评价人员的专业背景，需灵活组建相应的评价组织。若企业在评价初期已具备完善的评价机构与制度，则可直接利用其既有框架。对于那些尚需从零开始构建评价组织的一般性评价过程，强调评价团队的针对性与高效性。

（四）选用评价方法

评价方法的选择应基于评价问题的范畴、特性以及产品开发所处的具体阶段，因此具有高度的灵活性和针对性。鉴于不同情境下的差异性，评价过程中甚至可能催生出新的方法。设计评价领域广泛借鉴了多学科知识，包括但不限于心理学、市场学、营销学、机械制造、决策理论及虚拟现实等，这些方法综合运用于评价实践，旨在全面而深入地剖析评价对象，确保评价结果的科学与准确。

（五）实施评价活动

在明确评价问题、组建评价组织并选定评价方法后，评价活动的具体实施阶段随之启动。这一阶段的核心任务是将评价问题融入实际流程，并依据既定的评价标准，全面搜集相关的数据与信息。随着评价工作的深入，特别是在执行具体操作时，不同评价方法所展现出的细微差异将逐渐放大，对最终评价结果产生直接影响，突显了方法选择的重要性。

（六）处理评价观点与数据

评价活动完成后，对收集到的评价观点与数据进行后续处理变得尤为重要。这一步骤涉及对信息的整理、提炼和归纳，旨在将散乱、复杂的评审意见转化为条理清晰、易于理解的数据图表形式。通过运用定量分析方法，我们能够以数据化、图表化的手段客观展现评价信息，不仅简化了数据整理的过程，还促进了最终评价结果的生成，提升了评价工作的效率与准确性。

（七）输出评价结论

评价活动的最终目的是输出明确的评价结论。这一结论并非仅依赖数据化的统计信息，而是结合了评价组织成员的专业见解、主观判断及特定情境下的特殊因素。它全面而客观地反映了评价对象的实际情况，为后续的决策提供了直接依据。评价结论的输出直接关联到领导层的决策导向，其准确性和全面性对于决策的质量至关重要。

（八）反馈评价信息并优化体系

评价活动的完成并不意味着工作的终结，反而是一个新的开始。评价信息的反馈与优化是后续的关键步骤。通过对评价结果进行验证，可以评估评价体系的准确性和有效性，并据此对体系进行必要的优化或调整。重要的是要认识到，评价体系并非静态不变，而是需要根据实际情况进行动态调整和完善。这种动态化、开放化的特点确保了评价体系能够与时俱进，更好地适应不断变化的需求和挑战。

二、产品设计评价的具体方法

设计评价方法的演进是一个持续探索与实践的过程，学者们在不断尝试与总结中，借助多学科理论的支撑，逐步丰富和完善了评价方法的体系。这一体系大致可划分为定性评价法、定量评价法及实验评价法三大类。定量评价法以其精准的数据处理为核心，通过运用数据、公式及图形等手段，对评价对象的特征进行量化描述与价值评估，从而得出客观、准确的评价结果。然而，在评价过程中，文化、美感、使用感受及环境因素等主观层面同样重要，这些方面更适合采用定性分析方法，通过评价者的直观感受与感性理解，以语言描述形式揭示评价对象的特质。相比之下，实验评价法则结合了定量与定性的优势，特别是眼动追踪实验等技术的应用，能够更为客观、直接地收集用户反馈，成为产品设计中不可或缺的评价手段。这种方法不仅提升了评价的可靠性，还为设计优化提供了有力支持。

当前，国内外众多领域针对不同问题提出了多样化的评价方法，数量多达数十种，包括但不限于专家评价法、层次分析法（AHP）、群体决策法（NGT）、德尔菲法（Delphi）、语意差分法（SD）及模糊综合评价法等。这些方法各有千秋，但面对复杂问题时，单一采用定性或定量方法均显局限。实际上，定性与定量评价并非孤立存在，而是相辅相成、相互渗透的关系。定性分析可以使人们深入理解与洞察问题，而定量分析则通过量化手段增强了结论的客观性与精确性。在某些情况下，定性分析的结果还需进一步量化转换，以形成更为直观的结论。这一过程凸显了定性与定量方法间的紧密联系与互补性，表明只有二者有机结合，方能全面而准确地完成分析任务。以下综合各种通用的模型和方法，选择具有代表性的几种对其进行研究。

（一）专家评价法

专家评价法作为一种融合了定量与定性特质的评价方法，特点在于借助专家的专业打分来量化评估对象，其评价结果具备显著的统计特性。该方法不仅是综合评价的重要工具之一，更是学者们凭借深厚的经验积累与敏锐的直觉思维，对复杂事物进行深入剖析与评判的有效手段。具体实施时，常通过组建专家团队，构建评价语集，汇集众专家之真知灼见，以实现对评价对象的全面、客观评估。专家评价法体系内部分支众多，包括但不限于个人判断法、专家会议法、头脑风暴法及德尔菲法等，各具特色，灵活应用于不同场景。值得注意的是，专家的评价经验、知识广度与深度直接关乎评估结果的准确性，因此，选用此法时，确保参评专家对评价系统具备深刻理解、深厚学术造诣及丰富实践经验，是保障评估质量的关键所在。

专家评价法之精髓，在于其能够充分利用既有统计数据与原始资料，巧妙融合定量分析与难以量化的信息，从而确保评价结果的客观准确性与直观性。然而，该法亦非尽善尽美，其理论基础与系统性相对薄弱，专家在筛选项目时易受主观因素影响，一定程度上削弱了评价结果的客观性与精确度。实施专家评价法，需遵循严谨步骤：首先，依据评价对象特性明确评价指标；其次，为各指标合理分配分数值或等级；随后，组织专家团队对评价对象进行深入分析并给出相应评分；最后，汇总专家评分，运用科学函数计算得出评价对象的综合分值，以此作为最终评价结果的依据。

（二）层次分析法

层次分析法（AHP）是一种综合了定性与定量研究的先进方法，通过构建系统化、层次化的分析框架，对复杂问题进行全面而深入的剖析。其核心优势在于能够巧妙地融合人们的主观判断与客观数据，有效解决了单纯定量方法难以应对的难题，尤其在教育、军事、科学、资源分配、农业、运输、环境及医疗等广泛领域内展现出强大的应用潜力，受到全球范围内的广泛关注与应用。实施 AHP 的基本流程：首先将复杂问题拆解为若干层次或关键要素，进而针对每个层次进行进一步细分，以确保分析的细致入微；随后，在同一结构层次内，通过对比、分解及精确计算各要素间的相对重要性，依据特定算法确定各因素的权重系数。这一过程不仅增强了决策的科学性与合理性，也为最终制订最优策略提供了坚实的数据支撑。

层次分析法的基本步骤如下：

1. 创建模型

在确立分析框架之初，要清晰界定待研究的核心问题，并围绕该问题，依据其影响因素的逻辑关系，逐层构建层次结构模型。模型顶层为目标层，设定唯一且明确的分析目标；紧随其后的是准则层或指标层，该层直接服务于目标层，根据问题特性可细分为一个或多个子层次。如以"环境因素"为核心，进一步拆解为经济、政治、文化等具体子项，这些子项共同构成环境层的关键组成部分。随着分析的深入，准则层或指标层之下可继续细化，形成方案层，直接指向解决问题的具体策略或方案。值得注意的是，在层次划分过程中，若某一层级元素数量过多，为保持分析的清晰与高效，可考虑进一步细分为子准则层，但需遵循适度原则，通常建议每层级元素数量不宜超过九项，以确保评价的可操作性与结果的准确性。

2. 构造判断矩阵

判断矩阵旨在通过数学手段量化表达各层次及其元素间的复杂关系。这一步骤要求评估者对同一层次内的各元素进行两两比较，根据其相对重要性赋予相应的权重或比值，进而形成判断矩阵。这一过程不仅反映了评估者的主观判断，也是后续分析的数据基础。值得注意的是，由于评估过程中存在主观性，各元素间的权重分配可能不十分精确，因此需确保评估过程的一致性与合理性。

3. 层次单排序及一致性检验

完成判断矩阵的构建后，需对各层次元素进行单排序，即根据判断矩阵计算得出各元素对于上一层元素的相对重要性并排序。然而，由于评估者的主观判断可能存在偏差，导致判断矩阵在逻辑上不完全一致。为验证排序结果的有效性与合理性，需进行一致性检验。一致性检验旨在评估判断矩阵中的不一致程度是否在可接受范围内，确保排序结果的科学性与可靠性。通过计算一致性比率等指标，可以量化评估判断矩阵的一致性水平，为决策者提供科学的决策依据。

4. 层次总排序

层次总排序是对整个层次结构中的所有元素，特别是中层及底层元素，进行全局性的权重赋值与排序过程。这一过程始于目标层，逐层向下，直至最底层的方案层或指标层，确保每一层元素均根据其相对重要性获得准确的权重分配，并形成最终的排序结果。层次总排序是实现系统评价目标的关键步骤，为后续决策提供直接依据。

5. 层次总排序的一致性检验

与层次单排序类似，层次总排序后同样需要进行一致性检验，以确保整个层次结构排序结果的逻辑合理。这一检验过程同样遵循从高层到底层的顺序，旨在验证各层次间排序的一致性。尽管各层次的判断矩阵可能已通过各自的一致性检验，但层次间的累积误差仍可能导致全局排序的非一致性。因此，全面的层次总排序一致性检验至关重要，它有助于识别并纠正潜在的逻辑错误，确保评价模型的科学性与可靠性。此外，将参与评价人员的打分直接融入评价模型中，也是提升评价结果客观性与公正性的有效手段，通过综合多方意见，使评价结果更加全面、准确。

在层次分析法的实施过程中，两大关键问题不容忽视：首要在于如何精准地根据实际问题构建出贴合实际的层次结构模型；其次则是如何将主观感受有效转化为客观量化的数值，以确保分析的准确性。

深入剖析层次分析法的核心特征，不难发现其独特魅力在于能够将复杂的思维决策过程转化为系统化、数字化的处理流程，通过对各层次元素的量化评估，为决策提供坚实的数据支持。这一方法不仅操作简便，更擅长处理那些充满不确定性或主观性较强的信息内容，同时对于逻辑性强、直觉判断依赖度高的决策场景同样适用。然而，层次分析法亦有其局限性，主要在于其高度依赖评价者的主观判断，尤其是在构建抽象事物的层次模型时，难以完全摆脱人为片面意见的影响。此外，模型中各要素间的逻辑关系往往不够直观，使量化过程带有一定程度的模糊性，难以完全达到纯粹的定量分析标准。

为弥补这些不足，近年来学术界与实践领域积极探索层次分析法与其他方法的融合路径，力求通过多方法综合应用来增强分析的科学性与全面性。其中，层次模糊分析法的兴起，正是这一趋势下的重要成果，它不仅继承了层次分析法的系统性与逻辑性，还巧妙融入了模糊数学的思想，为处理复杂、模糊的决策问题提供了更为有力的工具。这一方法不仅丰富了综合评价的维度，也进一步证明了层次分析法在综合评价体系中不可或缺的地位。

(三)群体决策法

群体决策法,亦称 NGT 法,是一种遵循既定程序,汇聚群体智慧以形成最终评价结论的方法。其核心在于将评价对象的特性与专家团队的综合意见相结合,确保评价结果的全面性与客观性。通常,该群体规模适中,维持在 9 人左右,以确保讨论效率与决策质量。评价活动紧凑高效,时长多控制在两小时以内,旨在快速聚焦核心议题,达成有效共识。该方法的显著特征在于:其一,会议讨论中鼓励个体自由表达观点,减少外界干扰,确保每个意见的独立性与中肯性;其二,强调成员间意见的平等性,通过集体讨论与决策机制,有效避免了个别意见主导全局的风险,促进了多元声音的融合与平衡。该评价方法具体步骤分为以下六个方面。

1. 意见征集阶段

评价组织负责人的首要任务是明确评价主题或问题,并向到会的专家成员分发相关评测卡片或直接宣布评价内容。每位专家独立思考并书面记录个人见解。

2. 意见记录与整理

负责人逐一听取每位专家的意见,确保全面且准确地记录下来,此阶段避免任何形式的即时讨论,以保持意见的原始性和独立性。

3. 集体讨论与观点展示

进入集体讨论环节,负责人引导成员逐一、有序地分享各自意见,旨在增进相互理解。此过程中,负责人需保持高度公正与客观,确保每条意见都能得到平等对待,同时有效管理讨论氛围,避免成为无谓的争论。

4. 初步投票与量化评估

为评估意见的重要性,组织初步投票。负责人向每位专家分发限定数量的(如 5～9 张)卡片,要求他们根据个人偏好对条目进行排序。通过计算平均值,得出群体公认的初步排序结果。这一步骤的设计基于经验验证,旨在提高排序的准确性和客观性。

5. 结果讨论与共识构建

基于初步投票结果,组织简短讨论。鼓励专家分享背景信息、评审目标及设计方向的见解,以促进认识的统一和分歧的解决。此环节有助于巩固群体决策的基础。

6. 最终决策与会议总结

根据讨论反馈，重复第 4 步的投票过程，以进一步精炼意见，最终得出群体一致认可的评价结果，并宣布会议结束。

（四）德尔菲法

德尔菲法是一种源于 20 世纪中期的科学方法，其命名灵感取自古希腊神话中预言之神阿波罗，象征着对未来趋势的精准预测。该方法最初由美国兰德公司成功实践，并取得了显著效果，自此便广泛被认可为评价、预测、决策及咨询领域的有效工具。

随着其影响力的不断扩大，德尔菲法逐渐发展出多种变体，以适应不同领域和具体应用场景的需求。其核心机制在于通过匿名函询的方式，汇聚多方专家的智慧与专业知识，针对复杂问题进行深入剖析与前瞻预判。这一方法在某种程度上与群体决策法类似，均旨在通过集合群体意见来达成共识，但德尔菲法更加强调匿名性与迭代反馈的重要性。

在德尔菲法的实施过程中，通常组建一个由 20~50 名专家构成的多元化群体，他们来自不同领域，拥有各自的专长与不同的视角。这一安排旨在确保意见的广泛性和多样性，从而促进全面而深入的分析。专家们在匿名条件下进行独立判断，减少了外界干扰和偏见的影响，使他们的意见能够更真实地反映问题本质。通过多轮次的函询、讨论与反馈，专家们不断修正和完善自己的观点，直至形成相对一致的结论。这一过程不仅增强了评价结果的准确性和可靠性，还提高了结果的接受度和可操作性。德尔菲法以其独特的优势，在处理复杂、不确定性高的问题时展现出卓越的性能，成为现代管理与决策领域的重要工具。关于德尔菲法的具体实施步骤，可细化为以下五个方面：

第一，组建专家团队。根据评价项目的具体需求，识别并邀请相关领域的专家参与。专家团队的人数应依据项目规模及复杂性合理确定，一般建议控制在 20 人左右，以确保意见的多样性和讨论的深入性。

第二，资料提供与问题阐述。向专家团队提供详尽的项目背景资料及待评价问题的具体描述。明确评价的目标、范围及要求，确保每位专家对评价任务有清晰的理解。专家随后以书面形式提交初步评价意见，并可就所需额外资料向联络组提出请求。

第三，专家意见征集与阐述。专家在收到资料后，结合个人专业知识与经验，就评价问题提出具体意见，并附上详尽的说明理由，以增强意见的说服力。

第四，结果反馈与初步分析。收集所有专家的初步评价意见后，进行整理与分析，并制作图表辅助说明。随后，将分析结果以图文并茂的形式反馈给每位专家，帮助他们了解整体评价趋势及自身意见在群体中的位置，进而促使专家对自己的观点进行反思与调整。

第五，多轮意见征询与反馈。基于初步反馈结果，组织多轮次的意见征询与反馈循环。在每一轮中，收集专家的修改意见，进行汇总整理后再次反馈给所有专家。这一过程旨在通过不断的信息交换与意见整合，逐步减少专家间的分歧，直至形成较为一致的评价结论。通常，这一过程需经历三至四轮，具体次数视实际情况而定，直至专家们的意见趋于稳定，不再发生显著变化为止。最终，对稳定后的专家意见进行综合处理，得出最终的评价结论。

综上所述，德尔菲法与群体决策法的显著区别在于其独特的运作机制。德尔菲法通过匿名函询的方式，有效整合了来自不同领域和地域专家的智慧，实现了意见的广泛汇聚与深度融合，从而显著提升了评价结果的准确性与可靠性。此过程打破了地域与时间的限制，确保了评价活动能够吸纳最广泛的专家意见，增强了意见的全面性与权威性。同时，书面信函的交流形式有效规避了领导意志的干预，鼓励专家勇于表达独立见解，促进了评价过程的公正与客观。然而，德尔菲法亦非尽善尽美，其信息传递的间接性延长了评价周期，可能对产品的研发进度构成挑战，进而影响企业产品的市场竞争力。此外，缺乏面对面的直接交流也在一定程度上牺牲了信息的即时性与丰富度，这或许也是部分企业倾向于选择其他评价方法的原因之一。

（五）语义差分法（SD法）

SD法，在国内有多种译法，如语句分解法、语义区分评价法等，它是一种针对事物意义进行测量的科学方法。起源于心理学研究，后广泛应用于建筑、运输、工业等领域，其核心在于将感性、非量化的指标通过语义尺度转化为可量化的数值，以实现对主观感受的客观评估。SD法不仅依赖数学计算，更通过独特的语义描述机制，准确捕捉并量化分析抽象概念，为决策提供了丰富且深入的依据。

语义态度量表常被称为"李克特量表"，是一种有效工具，用于量化用户对产品使用前后意向及满意度的表现程度。该量表通过预设问题，全面覆盖产品概念、实用性与外观设计等多个维度，引导测试者进行细致评价，其结果直观反映在量表中。为确保评价的公正与真实性，测试人数通常精心控制在30人左右，以确保统计上的显著性与代表性。态度量表设计上采用奇数等级（如5点、7点或9点量表），确保评价维度的均衡与细腻。参与者在量表上根据自身态度，在极端态度之间选择最符合自身看法的位置，这一选择随后成为后续计算与深入分析的基础，为产品改进与市场定位提供科学依据。

语义区分法的实施步骤严谨而系统，具体分析如下：首先，明确评价目标与定位方向是基础，确保评价目标具体而明确，可通过清晰文字描述或直观图片展示，以便测试者准确理解。其次，结合市场现状及行业专家意见，界定评价尺度的合理范围，并将这些抽象尺度转化为易于理解的语言标签，如"较好""很好""一般"等，同时确保各标签间语义区分清晰，避免混淆。在构建评价项目时，需根据顺序尺度、比例尺度、等距尺度、名义尺度等理论基础，精心处理项目与对应词汇的关系，确保表达准确。例如，"设计简单""外观性感"等词汇需精确对应其评价维度。完成尺度确定后，即可拟定评价量表，该量表应包含一系列成对出现的反义词组，如"分散—集中""夸张—收敛"等，每组词汇需形成鲜明对比，以体现不同评价等级。在商品评价表中，常用上述反义词组作为评价基础，确保每组词汇对应明确且呈现强烈反差。根据评价需求，为每组词汇分配不同基数，以量化测试者的主观感受。随后，将完整的调查表发放给选定数量的测试者（通常为30人，以确保结果可靠性），收集完成后对问卷进行统计分析。最后，运用SD法特有的计算公式，对收集到的数据进行处理，得出量化的评价结果。这一过程不仅体现了SD法在量化感性认知方面的独特优势，也为后续的产品改进、市场策略调整提供了科学依据。

在产品开发设计领域，语义差分法作为一种灵活且易于操作的评估工具，被广泛应用于设计方案的研究中。该方法凭借其构思便捷、计分直观的优势，能够迅速捕捉并量化消费者对于产品感官体验的微妙差异。然而，其主观性较强的特点也不可忽视，这在一定程度上增加了评价结果的误差风险。尽管如此，作为感性工学领域的核心评价方法之一，语义差分法通过精心筛选与产品感受高度契合的形容词，构建了一套丰富且差异化的评价体系。这一体系不仅功能多样，还能确保评价结果的客观性与全面性，因此在商品、企业及广告设计等多个领域得到了广泛应用，并为这些行业的持续发展提供了宝贵的市场洞察与策略指导。

第三节　基于用户体验的设计与开发评价

满足特定人群的需求是工业产品存在的唯一目的。人们无时无刻不在对产品本身进行着这样或那样的评价,以判断它们是不是满足其需求。因此,为实现产品的良好用户体验,在产品开发和设计过程中即引入评价,是一种基本手段和方法。由于产品种类繁多,待评价问题不尽相同,因此,可首先对产品进行简单分类,总结同类产品评价要求的共性,继而采用合适的评价指标、评价标准和评价方法进行评价和决策。

一、设计评价的概念

产品设计是一个复杂多变且极具创造性的过程,它围绕着连续不断的问题求解展开,旨在应对多样化的设计需求与挑战。这一过程中,设计问题的复杂性与多解性决定了每个设计难题往往伴随众多潜在解决方案。设计评价,作为产品设计流程中的关键环节,承担着筛选与收敛方案的重任,是制订设计决策的重要依据。设计评价本质上是对设计价值的深度剖析,它不仅评估产品的最终效能是否达成预设目标,还审视设计过程是否遵循了科学规律与效率原则。设计活动的核心在于通过发现问题、分析问题直至解决问题,这一连续性的决策链条中,设计评价如同指南针,确保每一步都朝着正确的方向迈进。从广义与狭义两个维度审视,设计评价既是对设计成果全面而深入的考量,也是对设计流程精细管理的体现,共同支撑起高效、高质量的产品设计实践。

设计评价有广义和狭义之分,从广义上讲,设计评价是对人类所有创造活动价值的深刻审视,它无处不在,渗透于我们日常生活的每一个角落。无论我们是否自觉意识到,对自我、他人、事物乃至环境的持续价值判断实则都是设计评价的一种体现。这种广义的理解超越了具体的设计行为,触及了人类认知与行动的根本层面。

从狭义上讲，设计评价是一个专业术语，紧密关联于设计管理领域，是设计流程中不可或缺的一环。它特指在设计方案最终确定之前，针对多个备选方案，从使用性、生产可行性与市场营销潜力等多维度进行综合评估与筛选的过程。这里的"方案"形式多样，涵盖了原理设计、结构设计、造型设计等多个层面，其物质载体可能是图纸、模型或是其他可视化形式。值得注意的是，设计评价的有效性往往建立在多方案比较的基础上，尽管在特殊情况下也可能针对单一方案进行评价，但此时的评价结果需审慎考量其相对性与局限性。

随着时代的飞速发展与科技的日新月异，市场需求日益多元化，市场竞争环境也愈发复杂激烈。在此背景下，设计评价的作用范畴已不再局限于单一环节，而是全面渗透到产品开发的各个阶段，从初期的市场策略规划、产品概念创新，到工程技术设计的精细打磨，乃至商品上市后的市场反馈跟踪，设计评价始终伴随左右。同时，其影响力还延申至项目管理、组织运营及战略规划等多个管理层面，成为驱动企业全面优化与升级的关键力量。从设计管理的视角审视，设计评价作为一种系统化的方法，旨在对企业设计管理的各个环节及设计创新的全过程实施严密监控与科学评估，确保设计活动始终围绕既定目标高效推进，从而不断优化产品设计开发流程，推动企业持续创新与发展。

二、产品设计评价的意义

在全球化的激烈竞争中，设计已跃升为企业构筑长期竞争优势的核心要素之一。中国企业在认识到设计的巨大潜力后，正积极加大产品开发投入，以应对国内外市场的双重挑战。然而，不容忽视的是，许多企业在产品开发的征途中仍面临挑战，尤其是缺乏系统化、制度化的设计评价机制。这种机制的缺失，往往导致设计评价急功近利，决策失误频发，不仅造成企业经济损失，更损害品牌形象，影响深远。

设计评价之于企业，其重要性不言而喻。它关乎设计战略的精准定位、设计目标的明确实现、设计程序的规范执行以及设计质量的严格把控。产品设计作为一项充满创新与挑战的任务，其过程中充斥着未知与不确定性，评价标准难以完全量化，这恰恰凸显了产品设计评价的独特价值与必要性。通过设计评价，决策者能够更准确地把握产品设计中的不确定因素，为产品的持续优化与改进提供客观、有效的参考，促进设计项目的顺利推进，并引导企业进行自我审视与提升。

因此，建立健全产品设计评价机制，对于中国企业而言，不仅是提升产品竞争力的关键举措，更是推动企业可持续发展、塑造良好品牌形象的重要途径。

(一) 保障企业设计战略的实施

设计管理领域的设计评价分为以下三种:

1. 预测评价

预测评价旨在无具体实物成果的前提下,通过深入分析市场趋势、竞争对手动态,以及对既定设计策略与产品规划的预见性评估,为项目决策提供科学依据。预测评价强调对未来可能性的精准预判,确保项目方向与市场需求的紧密契合。

2. 结果评价

结果评价全面而深入,涵盖制造效率、商品化效果、市场营销表现以及用户反馈等多个维度,旨在对设计成果进行综合性评判。结果评价不仅是对项目最终成果的检验,更是对未来设计改进与策略优化的宝贵参考。通过这一环节,企业能够清晰认识到自身在设计能力、市场表现及用户需求满足度等方面的优势与不足,为后续项目的开展奠定坚实基础。

3. 过程评价

过程评价侧重于项目实施过程中的动态监控,针对项目的目标达成度、执行效率及阶段性成果的质量进行全面审视。过程评价通常设置于项目进程的各个关键节点上,这些节点标志着不同工作单元间的顺利交接,确保了评价的时效性与针对性。其核心任务在于精准评审每一阶段的设计成果,同时基于当前进展预测未来的设计趋势,从而为管理层提供科学、合理的决策依据,保障设计活动的持续高效推进。

企业通过上述三种设计评价可以规范产品设计的方向,使之有的放矢、目标明确,从而节约设计成本,增加组织效益,提升自身的综合竞争力;在规范化和体系化的设计评价活动中,通过不断摸索和积累适合自身特点的操作方法、程序、标准与组织方式的经验,为自身产品设计及开发的可持续发展提供系统化、制度化的保障。

(二) 保证产品设计的质量

通过全面而科学的设计评价流程,决策者及设计师能够在众多候选方案中精准筛选出满足目标需求的最优方案,确保设计质量。这一过程中,设计评价不仅降低了选择的盲目性,还显著提高了设计效率。在设计的各个阶段,如工作原理确定、结构方案规划、材料选择与工艺决定等,适时引入评价机制,能够迅速识别并剔除不合理、不经济或缺乏发展潜力的方案,引导设计路径沿着"发散—收敛"的正确方向高效推进。此外,合理科学的设计评价方法还扮演着"检验官"的角色,它能够有效审视设计方案的完整性,及时发现潜在缺陷,为后续的优化改进工作奠定坚实基础,从而在保障设计质量的同时,也促进了设计成本的合理化控制。

总之,产品设计评价的意义在于控制设计过程,把握设计方向,以科学的分析且非主观的感觉来评定设计方案,为企业决策者和设计师提供评判设计方案等的依据。

三、产品设计评价的特点

市场环境的瞬息万变、复杂多变的人为因素干扰、信息准确性与可靠性的不确定性、设计知识普及程度的参差不齐,以及产品评价领域研究资源的相对稀缺,均直接或间接地对产品设计评价工作构成了挑战。这些因素相互交织,不仅加剧了产品设计评价过程中的不确定性,还削弱了评价结果的客观性。因此,在进行产品设计评价时,必须充分考量这些外部条件的影响,采取更加严谨、全面的评估策略,以确保评价结果的准确性和可靠性,为产品设计决策提供坚实支撑。以下是产品设计评价的主要特点。

(一)评价主体的复杂性

评价主体作为社会活动的积极参与者,其需求通过劳动与实践得以满足,同时也直接或间接地参与到设计评价的过程中。鉴于人的社会属性与复杂性,其未来行为难以精准预测,往往偏离预期轨道,这一特性在设计评价中尤为显著。设计师对设计合理性与合目的性的考量,更多基于个人思考与判断,而非纯粹的科学实证,从而在产品开发的流程安排、评价与决策中不可避免融入了情感色彩,使最终结果充满变数,这正是"有限理性"在设计实践中的体现。进一步而言,评价主体对社会、经济、文化及环境所持的多元态度,也在无形中塑造并影响着产品设计评价的方向与深度。因此,深入探究评价主体的复杂性特征,成为解析设计评价"外部因素"不可或缺的首要环节。相较于传统评价方法如模糊评价法、技术—经济评价法等,它们在确定评价目标权值时均难以完全剔除人为因素,使决策过程不可避免地受到随机性、主观不确定性及认知模糊性的影响。

(二)评价客体的多样性

从系统科学的视角审视,设计评价作为系统工程的重要组成部分,涉及一系列复杂而相互关联的项目。这些项目的成功实施依赖专业的辅助工具与充足的信息资源。评价流程严谨,始于明确评价对象与目标,继而构建科学合理的评价系统,精心选择适用的评价方法，广泛收集并处理数据与信息，最终实施项目的全面评价与优中选优。在产品设计评价领域，其复杂性尤为突出，因产品设计横跨多个学科，需综合考量众多因素，远非工程技术设计所能简单类比。产品设计评价不仅内容广泛且深入，还需纳入造型、色彩等模糊且具主观性的质量信息。针对不同类型产品，因其功能、用途、工艺、材料及生命周期等特性各异，设计评价标准、方法及手段亦需灵活调整，以确保评价的精准性与有效性。

（三）评价环境的变换性

从系统科学的视角审视，设计评价作为系统工程的重要组成部分，涉及一系列复杂而相互关联的项目。这些项目的成功实施依赖专业的辅助工具与充足的信息资源。评价流程严谨，始于明确评价对象与目标，继而构建科学合理的评价系统，精心选择适用的评价方法，广泛收集并处理数据与信息，最终实施项目的全面评价与优中选优。在产品设计评价领域，其复杂性尤为突出，因产品设计横跨多个学科，需综合考量众多因素，远非工程技术设计所能简单类比。产品设计评价不仅内容广泛且深入，还需纳入造型、色彩等模糊且具主观性的质量信息。针对不同类型产品，因其功能、用途、工艺、材料及生命周期等特性各异，设计评价标准、方法及手段亦需灵活调整，以确保评价的精准性与有效性。

（四）评价标准的中立性

在商业语境下，设计常被视为促进企业资本增值的关键途径，其成功与否往往以商业成就作为衡量标杆，似乎在"好设计"与"好商品"之间划上了等号。然而，从广义设计的视角出发，设计远不止经济价值的创造，它更是一种深层次的文化活动，蕴含了人类对自身存在、社会进步及自然和谐共生的哲学反思。因此，将商业成功作为设计评价的唯一或主要标准，显然是对设计丰富内涵的狭隘化解读。

产品设计作为连接企业与消费者的桥梁，承载着超越单纯商业交换的更深层意义。设计师作为这一创意过程的主导者，应超越狭隘的功利主义视角，秉持服务人类、推动社会进步的高尚理念，平衡商业利益与社会责任，以更为客观、中立且全面的标准来评判设计成果。设计评价的标准，不仅关乎设计本身的优劣，更映射出评价者对于设计价值的深刻理解与尊重，是对设计活动本质意义的一次深刻探索与诠释。

（五）评价结果的相对性

设计活动的多元性与复杂性，使其具体内容难以简单量化，因而多采用定性研究的方式进行评估。这种评估方式虽能提供深入见解,但其结论往往作为决策制订的参考而非最终定论,体现了产品设计评价的多样性与探索性。产品设计评价不仅是结果的判定,更是对设计概念的全面剖析与深刻理解。

审美与感性元素在产品设计评价中占据重要位置,直觉判断成为不可或缺的一环。这种基于个人感受与经验的评价方式,赋予了设计评价浓厚的主观色彩与相对性。设计师与评审者的个人偏好、文化背景乃至即时情绪,都可能微妙地影响评价结果,使每一次评价都成为独特的主观体验与理性分析的交织。

此外,信息的时效性对产品设计评价的客观性构成了显著挑战。在快速变化的市场与技术环境中,信息的价值往往与时间紧密绑定。一旦信息滞后,即便其初时准确无误,也难免因环境变迁而失去指导意义。正如山间草药应季而贵,过时则贱,设计评价所依赖的信息资源同样面临时效性的严峻考验。在这个信息爆炸的时代,如何及时捕捉并有效利用最新信息,成为提升产品设计评价准确性的关键所在。

总而言之,好的设计很难有一个固定的评价标准,因为一件产品是一个时代政治、经济、文化、科技等众多信息的载体。设计是为人服务的,好的设计首先要满足人与社会的需求。

四、产品开发不同阶段评价的特点

产品开发是一个涵盖市场研究、创意设计、生产制造及营销推广的复杂过程,每个环节均植根于各自独特的知识体系,评价侧重点各异。目前,尚未形成一个全面覆盖产品开发全周期的标准化评估体系,以适应各阶段知识背景的多样性和复杂性。尽管如此,无论设计流程如何被学者或设计师细化划分,设计评价作为贯穿始终的关键环节,其重要性不言而喻。在产品开发的不同阶段转换中,设计评价不仅发挥着检验与筛选的作用,更是指导决策、优化方案、确保项目顺利推进不可或缺的力量。

(一)设计策略阶段

策略规划是企业针对内外部环境制订的一系列指导方针与计划,旨在引导企业未来发展。设计策略的制订,作为设计活动的起点,对推动企业设计创新与发展至关重要。在设计评价应用于产品设计的初始阶段,核心在于对设计策略进行现实性评估,确认其是否与企业自身实力相匹配,是否满足市场需求,以及能否在竞争环境中脱颖而出。这一评估过程围绕企业面临的机会展开,如市场扩展的可能性、技术革新的契机及竞争优势的挖掘等,通过明确战略导向、划定创新领域,为企业绘制出一条通往未来的清晰路径。

（二）概念设计阶段

概念设计阶段作为整个设计项目的核心枢纽，承载着提出并视觉化创意理念的重任，同时需初步探索材料与工艺的可行路径，巧妙融合设计师的艺术灵感、潮流趋势与产品实用功能。此阶段的评价工作层次分明：首要考量设计理念的创新性与前瞻性；其次评估产品功能性与外观美学的和谐统一；最终验证生产实践中的可操作性。三者相辅相成，共同指引着概念设计的方向性决策。

鉴于概念设计的探索性与不确定性，多轮评价循环往复成为常态，旨在通过反复推敲获得最佳方案。在定量数据（如技术细节、成本估算）尚未完备之际，定性分析成为主要依托，评价标准的设定宜暂缓对"加权系数"的过早固化，转而采取均衡视角审视各要素的重要性，确保评价的全面性与公正性。实践表明，为预留更广阔的设计调整空间，通常会选择多套概念设计方案并行深化，以期在后续阶段中灵活调整，最终筛选出最符合市场需求与企业愿景的卓越设计。

（三）深入设计阶段

深入设计阶段标志着对选定概念方案的精细化处理，此阶段是将所有产品要素细致呈现并逐一评估。这包括精确把握产品的人机工程学尺度、优化操作界面的直观性与互动性、确保使用的便捷性与舒适度，同时细致雕琢形状的微妙变化，精心搭配色彩以营造视觉美感，审慎选择材料兼顾性能与可持续性，以及确保结构件间的完美配合与强度。此阶段的评价工作更为量化，广泛采用现行的工艺标准、结构设计规范及实验评价法，对产品实施全面而严谨的测试与验证。这一系列努力旨在使设计成果不仅满足高标准的美学与功能需求，更能无缝对接批量化生产流程，为产品成功进入市场奠定坚实基础。

（四）商品化阶段

商品化阶段涵盖了产品从幕后走向台前所需的所有关键步骤：从综合性能测试到技术可行性验证，从成本控制评估到精美包装设计，从创意广告设计到全方位营销计划制订，再到精准价格策略布局及商品试销活动开展。这一系列精心策划与执行的举措，旨在全方位审视产品的市场竞争力与消费者接受度，确保其在正式亮相前已做好技术成熟与策略完善的双重准备。商品化不仅是产品推向市场的临门一脚，更是设计评价持续深化、不断优化调整以适应市场变化的重要过程。

（五）后商品阶段

商品化阶段之后，设计评价进入持续观察与反馈的阶段。此阶段密切关注市场动态、商家经营、消费者体验及维修服务反馈，同时评估产品全生命周期内对社会与环境的影响。通过回顾设计评价过程，对照商品市场反应，总结经验教训。这些反馈信息成为企业优化产品、调整策略、规划未来设计开发的重要依据。

以上论述的是通常意义上的产品开发阶段，不同类型的产品，其设计开发阶段也会存在差异性。总之，设计开发的各阶段还有很多细分方法，还可以把一个阶段细分为不同的小阶段。对于不同的细分阶段，设计工作的侧重点不同，导致评价方法的选用上也有所差别。但是无论如何，评价总的特点都是由浅入深、由表及里、由粗到精。简而言之，评价的过程呈"发散—收敛"的趋势。

五、基于用户的产品设计评价

在产品开发与激烈的市场竞争中，用户始终占据核心地位，成为企业策略规划与执行的出发点与归宿。特别是在当前生产技术同质化趋势加剧、经营规模扩展接近饱和的背景下，精准捕捉并深刻理解用户的消费需求与潜在期望，已成为企业脱颖而出、赢得市场的制胜法宝。全面把握用户需求，不仅是企业设计策略制订过程中不可或缺的环节，也是评估其设计策略成效的关键标尺。通过深入洞察用户心理与行为模式，企业能够更有针对性地优化产品设计，提升用户体验，从而在激烈的市场竞争中稳固地位，实现可持续发展。

下面主要介绍设计效果心理评价。

（一）消费者满意度

消费者满意度（customer satisfaction index）是一个科学概念，并正式以"CSI"简写的形式出现。随着设计管理理论、顾客价值理论和设计风险决策管理漏斗理论的兴起，设计界逐渐认同与接受满意度导向产品设计的理念。

消费者满意度描述包含以下三个层次的信息。

1. 物质满意层次

物质满意层次直接关联到消费者对产品的直接体验与感受，它包括产品质量、功能特性、外观设计及包装细节等多个方面。对于消费者而言，产品本身若不具备优良的品质、独特的功能卖点以及吸引人的视觉呈现，便难以赢得他们的满意与认可。因此，企业在产品设计与生产过程中，应高度重视并持续优化这些关键要素，以确保产品能够全方位地符合消费者的期待与需求,从而赢得市场的青睐。

2. 精神满意层次

精神满意层次触及了消费者在购买与使用过程中所感受到的精神层面的愉悦与满足。这一层次不仅关乎销售过程中商家提供的贴心服务,也涵盖了产品附带的厂家服务承诺对消费者心灵的触动,以及在产品使用过程中所激发的精神享受。精神满意贯穿产品生命周期的每一个阶段,它要求企业在产品的售前、售中及售后各个阶段都能以不同的服务手段给予消费者温馨的人文关怀。因此,单纯依赖产品物质层面的卓越表现已不足以赢得消费者的全面满意,唯有将产品与服务深度融合,赋予其更多情感价值与人文关怀,方能让消费者真正接纳并喜爱上商品。

3. 社会满意层次

社会满意层次将评价视角扩展至更广阔的社会维度,超越了传统的"商家—产品—消费者"框架。在这一层次,企业的经营活动被要求不仅要服务于目标消费群体,更要积极贡献于社会的整体文明进步与人类的可持续发展。企业需深刻认识到,其产品不仅应为目标消费者带来实际利益,还应考虑其对更广泛社会关系、文化环境乃至自然生态可能产生的影响。

新产品问世后,往往伴随着人际交往模式的微妙变化,这些变化可能正面促进社会的和谐与进步,也可能引发新的社会问题与挑战。因此,企业有责任预先评估并妥善应对这些潜在影响,确保新产品的推出不仅促进经济发展,更能助力社会文明的整体提升。

(二)消费者价值

产品设计效果的衡量标准在于其能否有效创造并传递价值,从而获得消费者的认可。随着社会经济与技术的发展及消费者观念的演变,价值的内涵亦随之变化,愈发凸显其市场属性与消费者导向。价值不仅是消费者愿意为产品支付的价格体现,更是顾客需求满足的象征。企业需紧跟市场需求,重新定义价值内涵,精准识别并优化价值流动路径,确保价值创造活动紧密围绕客户需求展开,持续精进,力求完美。产品设计效果的价值定义,因此愈发贴近市场脉搏与消费者心声。消费者感知并认同成为衡量产品设计成功与否的关键指标,唯有当产品真正触动消费者内心,满足其深层次需求,企业的努力方能转化为实际回报。消费时代的变迁亦深刻影响着消费者价值的取向:从理性消费时代对质量与价格的双重考量,到感觉消费时代对品牌与形象的偏好,再到感性消费时代对心灵满足感的极致追求,每个阶段的价值评判标准均反映了当时社会的消费心理与价值取向。

在消费趋势日益多元化的今天，消费者价值的主观性与个性化愈发显著，这一变化直接驱动了产品设计价值向消费者个人偏好的深刻转型。商品选择的过程，实质上是从设计效果的客观考量转变为对主观偏好的尊重与迎合，这一变迁深刻反映了设计哲学从"以物为本"向"以人为本"的根本性转变。产品设计不再仅仅局限于功能、效用与质量的物质层面竞争，而是更多地融入了消费者的情感需求、象征意义及心理体验等精神元素。产品的价值逐渐被重新定义为消费者对其功能、效用的普遍感知、认可与接受程度，这是一种建立在产品设计客观性能基础之上，却又超脱于此的主观认定。对于广大消费者而言，这既是对产品客观价值的收获，也是个人主观认知与情感体验的共鸣。因此，精准把握并顺应消费者价值取向的演变，对于提升产品自身价值、增强市场竞争力具有不可估量的意义。设计师们通过巧妙融合艺术创意与市场需求，将消费者那些看似"软性"的情感与心理需求转化为产品实实在在的"硬性"市场竞争力，最终体现在货币价值的提升上。这一过程不仅体现了设计的力量，也揭示了产品设计在连接物质世界与消费者精神世界中的桥梁作用。

产品设计中的价值要素可划分为三个层次，每一层都对应着不同的顾客需求与满意度标准。

第一，基本层面价值要素构成了产品的基础属性与功能，这些是顾客认为产品"必须有"的。当这些基本需求得不到满足时，顾客会表现出强烈的不满；而一旦满足，顾客的态度往往趋于中性，既不特别满意也无明显不满，仅达到一种"够用就好"的状态。

第二，期望层面价值要素则代表了顾客对产品或服务的更高期待。这些需求并非绝对必需，但往往能显著提升顾客体验。在市场调研中，顾客常常提及这些期望型需求，它们的满足程度直接关联着顾客的满意度。实现得越多，顾客满意度越高；反之，则可能导致不满。

第三，兴奋层面价值要素触及了顾客的潜在需求与未意识到的期望。这些需求一旦得到满足，能够极大地激发顾客的惊喜与满意，即便未能实现，也不会引发顾客的不满。这一层次的价值要素是企业实现差异化竞争的关键所在。然而，随着市场的演进和顾客需求的不断提升，原本属于兴奋层面的价值可能会逐渐转化为期望层面，乃至基本层面的价值要素，因此要求企业不断创新，以保持竞争优势。

企业在产品设计过程中，应全面考虑这三个层次的价值要素，力求在满足基本需求的基础上，不断超越顾客期望，探索并满足那些未被明确表达的潜在需求，从而打造出既符合市场需求又具有独特魅力的产品。

设计效果心理评价的一般方法总结为定性分析法和定量分析法两大类。其中定性分析法包括观察法、案例研究法、心理描述法、访谈法、焦点访谈法、深度访谈法、投射法（间接访谈）；定量分析法包括问卷法、实验法、抽样调查法等。目前运用频率较高的是问卷法、抽样调查法和访谈法。

（三）设计评价方法

产品设计评价是一个系统工程，需精准把握评价问题的本质与要求，针对评价对象的独特属性，精选关键要素构建评价体系，并通过细致分解与归类，确保评价的全面性与针对性。在此基础上，选择合适的评价方法至关重要，它融合了管理学、运筹学、市场学、系统科学、决策理论、计算机虚拟技术等多领域智慧，旨在通过定性或定量的方式，科学评估设计成果。评价方法的选用需紧密贴合评价问题的范畴、性质及设计开发的具体阶段，以确保评价的准确性和有效性。最终，对评价结果的综合处理与深入分析，将为产品设计的持续优化提供坚实依据。

1. 设计评价方法的分类

设计评价的方法通过人们在设计实践中历经无数次的"试错"与经验积累，逐渐丰富与完善。目前，国内外学术界已提出数十种评价方法，涵盖技术经济、价值分析、评分法、模糊评价、层次分析法（AHP）、群体决策（NGT）、德尔菲法（Delphi）、语意区分法（SD）等多种类型，其核心可归结为定量与定性两大路径。定量方法侧重于运用数学公式精确计算，适用于技术指标、材料性能、经济指标等可量化因素的评估，确保评价的客观性与准确性。然而，面对审美、情感、文化、艺术表现等主观性强的领域，定性方法则展现出独特优势，它依赖评价者的主观感受与经验判断。值得注意的是，定量与定性方法并非孤立存在，二者在实践中往往相互渗透、相辅相成，共同促进了设计评价方法的多样性与灵活性。

（1）经验性评价方法。经验性评价方法，在方案设计数量有限且问题复杂度相对较低时，展现出独特的优势。这种方法主要依赖评价者的直观感受与丰富经验，通过简单的操作流程，对设计方案进行定性的、初步的评估与分析。经验性评价不仅是对方案本身的考量，更是评价者多年积累的知识、直觉、灵感及隐性信息的综合体现，它跨越了管理学、心理学、决策理论等多个学科领域。

在实践中，常用的经验性评价方法包括淘汰法、排队法及点评价法等。淘汰法通过一系列标准筛选出不符合要求的方案，逐步缩小选择范围；排队法则是对所有方案进行排序，根据优先级进行选择；而点评价法侧重于对方案中的关键点进行细致评估，以此为依据进行综合评价。这些方法各具特色，能够灵活应对不同场景下的评价需求，为设计决策提供了有力支持。

（2）数学分析类评价方法。数学分析类评价方法是一种定量化的评价工具，其核心在于运用数学工具进行深入的分析、推导与计算，从而得出精确且客观的量化评价参数。在设计领域，尽管许多问题本质上具有定性特征，且其描述方式往往非定量，但数学分析类评价方法通过定量手段，有效弥补了传统非定量评价在客观性、科学性和说服力方面的不足。

此类方法主要遵循定量思路，通过预设的公式或模型，结合统计与计算技术，得出具体的评价指数，为设计决策提供了坚实的数据支持。在技术应用上，数学分析类评价方法尤其适用于技术性能、工艺流程及成本控制等方面的评估，能够精确反映设计方案的优劣。然而，值得注意的是，尽管数学分析类评价方法在量化表达方面展现出强大优势，但在处理美感、舒适性等感性因素时仍面临挑战。这些因素往往难以简单量化，且个人主观感受差异显著，因此在实际应用中，对于此类感性因素的量化评价仍需谨慎对待，以免削弱评价结果的全面性和准确性。

常用的数学分析类评价方法包括评分法、技术—经济评价法及模糊评价法等。这些方法各有特色，能够根据不同设计场景的需求，灵活选择并综合运用，以实现更加科学、客观的设计评价。

（3）实验评价方法。实验评价法是一种综合性的评估手段，融合了定量与定性的优势，通过材料测试、使用测试及商品试销等实际操作，对产品或设计的实效性进行直观且深入的评估。该方法虽在项目后期实施，耗时较长且成本相对较高，但其评价结果的信度与效度往往优于单纯依靠公式计算或专家判断的方法。实验评价法通过人为设计的实验流程，旨在验证理论假设或检验设计方案，其过程不仅涉及复杂的实验操作，还需融合专家智慧，如确定实验对象、解读测试者的感性反馈等，同时辅以定量公式对实验结果进行科学统计与分析，确保评价数据的精准与可靠。随着科技的飞速发展，虚拟现实、快速原型制造等新兴技术的融入，为实验评价法开辟了更广阔的应用空间，使其在现代设计与产品开发中发挥着日益重要的作用。

（4）面向应用领域的设计评价技术。DFX（Design for X）作为一种先进的设计理念，其核心在于针对产品的后续应用领域进行前瞻性的优化设计。这一方法不仅关注产品的基本功能与性能，更将焦点延伸至产品的整个生命周期、制造工艺、装配流程乃至成本控制等多个维度，旨在通过综合性的设计考量，提升产品的市场竞争力与经济效益。

DFX系统内涵丰富，涵盖了产品生命周期评价、面向制造设计、面向装配设计以及面向成本设计等多个子领域。其中，产品生命周期评价关注产品从设计、生产、使用到废弃的全周期环境影响与资源消耗；面向制造设计致力于简化生产工艺、提高生产效率与产品质量；面向装配设计则侧重于优化装配流程、降低装配难度与成本；而面向成本设计则通过精细化的成本控制策略，确保产品在满足市场需求的同时，实现经济效益的最大化。

2. 简单评价法

（1）淘汰法。淘汰法是一种直接而高效的设计评价方法，其核心在于通过初步分析，迅速剔除那些显然无法满足设计目标要求或存在明显缺陷的方案。这种方法的判断结果简单明了，非"行"即"不行"，为设计师提供了快速的筛选机制。然而，其精确度受限于评价者的个人经验与专业知识水平，因此，评价结果的客观性与全面性可能受到一定程度的影响。

淘汰法因其简便易行而广泛应用于设计评价的初期阶段，它允许设计师在大量备选方案中迅速锁定具有潜力的候选者，为后续深入评估节省时间与资源。然而，值得注意的是，该方法主要依赖评价者的主观判断，因此，评价者的知识广度、深度、个人经历以及对行业的深刻理解等因素将直接影响淘汰法的执行效果。为了确保评价结果的公正性与准确性，设计师需不断提升自身的专业素养，拓宽知识视野，并结合团队智慧进行综合评价。

（2）排队法。当面对多个方案且它们之间的优劣关系错综复杂时，排队法通过两两对比的方式，对方案进行量化评分。具体操作为：将任意两个方案进行比较，若一方明显优于另一方，则给优胜方案记1分，劣势方案记0分。随后，将所有方案的得分累加，最终得分最高的方案即为最佳方案。

这种方法不仅简化了复杂的比较过程，还通过量化评分的方式使评价结果更加直观、易于理解。然而，排队法同样依赖评价者的主观判断，因此评价者的专业素养、对设计要求的准确理解以及对各方案特点的深入把握，都是影响评价结果准确性的重要因素。此外，排队法在处理方案数量较多时可能会显得繁琐耗时，但在现代信息技术的辅助下，这一过程可以通过编程或电子表格软件等工具来简化，提高评价效率。总的来说，排队法是一种实用且有效的设计方案评价方法。

3. 评分法

评分法是针对评价目标，由评价组织成员以直觉判断为主，按一定的打分标准作为衡量评定方案优劣尺度的一种定量性评价方法。如果评价目标为多项，要分别对各目标评分，然后再经统计处理求得方案评价在所有目标上的总分。

一般采用5分制或10分制。理想状态为5（10）分，最差为0分。如果方案的优劣程度处于中间状态，可用以下方法确定其评分：

（1）在处理非计量性或计量性但具体参数缺失的评价项目时，我们可借助直觉与丰富经验，对评价对象进行优劣程度的初步划分。随后，依据预设的评分标准，为各项目分配相应的分数。此外，还可运用简化版的评分法，即通过对方案进行定性的深度剖析，确立其优劣排序，并进一步细化评分标准，确保评价的公正性与准确性。

（2）当评价项目中包含明确的定量参数，如性能指标的具体数值时，可采用分段评分策略。具体而言，设定最低门槛值、基准值及理想值作为评分基准，分别赋予 0 分、中间分值（如 8 分或 4 分，视评分制度而定）及满分（如 10 分或 5 分）。随后，运用三点绘制评分曲线或拟合评分函数的方法，精确映射其他定量数值至相应的分数区间，从而实现对各方案更为细致、科学的量化评估。

对各个方案评价目标体系逐项评价打分以后，就需要对各方案在各项目上的得分进行统计，算出总分。总分的计算方法很多，在实际运用中可以根据需要选用。取得总分以后，其总分高低就可综合体现出方案的优劣，分值高者为优，对于采用有效值的情况，有效值高者为优。

总之，评分法是相对简单、合理而且应用极为广泛的定量化设计评价方法。其主要存在的问题不在于公式的运用与计算方法的选择，而是专家所给定的初始数值的客观性和准确性。这显然是所有期望用量化方式评价感性问题的方法所遇到的最大问题。因此，评价组织人员的素质、经验以及数量的要求就成为评价活动的关键。

4. 模糊评价法

模糊评价法由 20 世纪 60 年代美国控制论专家扎德教授创立，专为应对现实生活中广泛存在的模糊性经济现象而设计。模糊评价法依据模糊数学的隶属度理论，实现了定性评价向定量评价的巧妙转化，即运用模糊数学对受多种因素影响的对象进行全面评估。该方法具有结果清晰、系统性强的特点，尤其擅长解决模糊且难以量化的问题，为处理各种不确定性挑战提供了有力工具。

以下通过对几个基本概念的解读来认识模糊评价法。

（1）模糊关系。在数学领域中，我们将用以描述客观事物之间相互联系的数学结构称为关系。除了清晰明确的关系以及完全无关联的情况外，现实中还广泛存在着一种介于两者之间的、界限不甚分明的关系，我们称之为模糊关系。这类关系在日常语境中极为常见，如"关系不错""感情稍显疏远"或是"价格还算合理"等表述，均体现了模糊关系的特征。

（2）模糊子集。模糊数学的奠基人扎德在其开创性论文《模糊集合》中，首次引入了"模糊子集"的概念。与传统集合论的二元对立（属于或不属于）不同，模糊子集允许元素对集合的归属程度存在中间状态，即元素可能以不同程度的隶属度属于某个集合。这种扩展使模糊集合能够更精确地描述现实世界中的不确定性与模糊性。具体而言，模糊集合通过将特征函数的取值范围从 $\{0,1\}$ 扩展到闭区间 $[0,1]$，实现了对元素隶属程度的连续量化描述。

(3)隶属度与隶属函数。在模糊评价中，对于评价目标的判定不再局限于简单的"是"或"否"，而是采用一个介于0到1之间的实数来表示其隶属程度，这一数值即隶属度。以产品外观设计评价为例，消费者对于某一产品外观的喜好程度很难用绝对的"好"或"不好"来界定。此时，我们可以使用隶属度来表示这种主观感受的量化结果。例如，若某产品外观给人留下八成好感，则其隶属度可设为0.8；反之，若完全无法接受，则隶属度为0。隶属函数则是用于描述不同条件下隶属度变化规律的数学工具，它帮助我们在复杂多变的现实环境中更准确地把握模糊概念的本质。

通常来说，设计评价项目会有多个目标。应用模糊评价法的程序与上述的评分法相似，首先是确定各个目标与加权系数的评价矩阵，再运用模糊关系运算的合成方法求解。

产品设计作为一门高度综合性的学科，融合了工程技术、人机工程学、价值工程、可靠性设计、生理学、心理学、美学、艺术、视觉理论、商品经济及市场销售等多个领域的知识。在评价产品设计时，常面临诸多难以量化的软性指标，如审美性、宜人性等，这些指标往往只能通过模糊概念如"差""好"或"非常受欢迎"来描述。传统经典数学方法在处理这类自然语言化的评价因素时显得力不从心，难以提供科学的定量分析，导致产品设计评价长期停留在较为抽象的层面。模糊数学的兴起则为这一难题提供了创新性的解决方案。它如同一座桥梁，连接了人类模糊的思维方式与精确的数学分析，使产品设计评价得以量化，评价过程更加科学、客观，有效排除了非科学性因素的干扰，为产品设计从定性评价向定量评价的转变开辟了新路径。

总之，模糊评价法较之传统的定量分析法更深入、准确、客观地描述了设计评价中的复杂因素，并建立了可操作性较强的数学分析模型。尽管专家主观因素的影响是所有量化评价方法中无法回避的问题，但从目前的发展看，模糊评价法是各种公式评价法中最为全面、合理的评价理论模型之一。

第四章

产品开发设计创新的影响因素

第一节　产品开发设计基本要素与创新

一、以人为本的观念

在产品开发设计的广阔领域中，人无疑是最核心且关键的要素。一切设计的起点与归宿，均深深植根于满足人类需求的土壤之中，无论是显在的日常所需，还是潜在的欲望期待，均是衡量设计优劣的不二标尺。设计不仅是技术的展现，更是对人性深刻洞察的结晶，它融合了人的生理与心理双重维度，如需求层次、价值观念、行为模式及认知特点等，共同构筑了设计灵感的源泉。以人为本的设计理念，强调产品功能需紧密贴合人类生活的实际需求，促进人类生活品质的提升。在此过程中，消费者的满意度是衡量设计成功与否的最终试金石。产品开发设计不仅是技术的堆砌，更是人与产品之间连接情感与功能的桥梁，它要求设计者持续关注并深刻理解人的需求变化，确保产品能够真正服务于人、造福于人。同时，产品的全生命周期中，不同角色的"人"以其独特的贡献与影响，共同塑造了产品的价值与意义，他们不仅是产品的使用者，更是产品价值实现的共同参与者与见证者。

（一）生产者

生产者作为生产流程中的核心力量，其效率与质量控制直接决定了产品的市场竞争力与最终成败。因此，在产品设计阶段，需深入考量生产者的实际操作需求，确保设计方案不仅符合消费者期望，也能有效提升生产效率与产品质量。具体到储运环节，合理的储运方式设计同样不容忽视，它关乎产品从生产线到市场的顺畅流转，是保障产品完整性与新鲜度的关键环节。站在生产者的视角审视设计，意味着要全面、系统地优化每一个生产细节，以实现产品从构思到上市的无缝衔接。

（二）营销者

产品，在正式进入市场流通之前，尚属于生产阶段的成果，而非真正意义上的商品。商品的价值实现，离不开营销活动的助力。营销活动远不止简单的产品贩卖，它是一套复杂而精细的策略系统，已逐渐演化为独立的学术领域。在这一系统中，人的主观能动性扮演着至关重要的角色，是推动营销活动成功的核心力量。

因此，在产品设计之初就需前瞻性地考量营销活动的特性与需求，确保产品与营销者之间能够形成紧密的匹配关系。设计不仅要关注产品本身的功能与美观，更要思考如何赋予产品易于营销的特性，使营销者能够充分发挥其创造力与执行力，灵活应对市场变化，实现产品的价值最大化。这意味着设计需融入对营销趋势的深刻洞察，以及对消费者心理的精准把握，从而创造出既符合市场需求又便于营销推广的产品。在这样的设计理念下，产品不再是孤立的存在，而是与营销活动相辅相成、共同成长的有机体。

（三）使用者

产品开发设计是一项融合创新与技术应用的综合性活动，它跨越多个领域，依赖广泛适用的科技成果作为支撑。设计者的核心任务在于创造出既符合技术规格又贴合人性需求的产品，确保这些产品最终能够被用户有效且舒适地使用。在此过程中，人的因素不容忽视：产品效能的展现依赖用户的实际操作，而用户能否顺利接纳并高效运用产品，则直接关联到产品设计与人体工学、心理学等多方面的契合度。因此，产品开发设计不仅是技术的展现，更是对人性深刻理解的体现，它要求设计者不断探索技术与人文的交汇点，以创造出真正服务于人、促进人类生活品质提升的优秀产品。

二、对新技术的重视和运用

技术要素在产品开发设计中占据着举足轻重的地位，它涵盖了生产技术、材料选择、加工工艺及表面处理等多个关键环节，是确保设计理念转化为现实产品的核心驱动力。现代科技的飞速进步为产品开发设计师提供了前所未有的广阔舞台，无数创新技术的涌现极大地丰富了设计灵感与实现手段，使将高科技成果转化为功能丰富、满足多元需求的产品成为可能。

随着科学技术的持续演进，一系列新原理、新技术、新材料、新工艺及新结构的不断涌现，正在深刻改变着产品开发设计的面貌。这些创新要素不仅拓宽了设计的边界，也为产品赋予了更高的性能、更佳的体验与更长久的生命力。产品开发设计领域正积极拥抱这些变革，不断探索如何将最新科技成果融入产品之中，以更好地服务于人类社会的发展与进步。

三、功能与结构的相互作用

（一）功能

功能是产品的核心属性，它是指产品所具备的效用及其被市场接纳的能力。产品的生产与销售皆建立在其特定功能的基础之上，因此，产品本质上可视作功能的物质化体现，而产品开发设计的终极目标正是实现并优化这些功能。在这一过程中，产品实体结构作为功能的直接承载者，其设计与构造需紧密围绕功能需求展开。

在构成产品系统的众多要素中，功能要素占据着至高无上的地位。它不仅定义了产品的基本用途与价值，还引领着整个产品系统的发展方向与意义所在。因此，在产品开发设计的全过程中，对功能要素的深入剖析与精准把握，是确保产品成功推向市场、满足消费者需求的关键所在。只有不断优化功能设计，提升产品效能，方能赋予产品持久的生命力与竞争力。

（二）结构

结构可以说是产品系统的内部要素，功能是产品开发设计的目的，而产品结构决定了功能的实现。

1. 外部结构

外部结构作为产品的直观呈现，不仅涵盖了外观造型及其整体布局，更是通过精心挑选的材料与独特的设计形式得以具体展现。这一结构不仅是产品外在美感的载体，更是其内在功能的重要传达者。在理解外部结构时，我们应超越表面化、形式化的局限视角，深入探究其在不同产品中的角色与功能。

对于某些产品而言，如电话机、吸尘器、电冰箱等，其外部结构虽非直接承担核心功能的主要部分，但仍是提升用户体验、塑造品牌形象不可或缺的环节。这些产品的核心功能更多依赖内部机械结构或电子元件的精密配合，而外部结构则通过优化人机交互界面、提升操作便捷性等方式，间接促进核心功能的实现。然而，针对另一些产品，如容器、家具等，外部结构则直接成为核心功能的主体。这些产品的外观造型直接决定了其使用方式与功能特性，如容器的形状与尺寸影响着其容纳物品的种类与数量，家具的形态与布局则关乎到空间的有效利用与使用的舒适度。因此，对于这些产品，外部结构的设计不仅关乎美学追求，更是实现产品核心价值的关键所在。

2. 核心结构

核心结构复杂且高度集成，由多个相互协作的模块组成，每个模块都承载着特定的技术任务。在设计过程中，核心结构的设计是首要任务，因为它直接决定了产品的基本性能与功能实现方式。随后，设计师会围绕核心结构进行外部结构的设计，通过精心规划产品的外观、形态、材料以及人机交互界面，确保产品在满足功能需求的同时，也能提供优秀的用户体验。尽管核心结构在最终产品中往往不可见，用户仅能通过其输入与输出部分与之交互，但这并不影响其在产品整体设计中的核心地位。相反，正是核心结构的存在，才使产品能够具备强大的功能与卓越的性能。

3. 系统结构

系统结构是指产品与产品之间的关系结构。系统结构是将若干个产品所构成的关系看作一个整体，将其中具有独立功能的产品看作要素。常见的结构关系有分体结构、系列结构以及网络结构。

（1）分体结构设计。分体结构是产品设计中的一种重要布局方式，它基于功能细分与模块化的理念，将同一目的下不同功能的产品元素进行分离设计。这种结构使各个部件能够独立发展、优化，同时又能通过标准接口或协议相互协作，共同构成一个完整的系统。以电脑为例，传统的台式电脑采用分体结构，由主机、显示器、键盘、鼠标等独立部件组成，而笔记本电脑则是这一结构理念的再设计成果，通过高度集成的方式实现了便携性与功能性的平衡。

（2）系列化结构设计。系列结构强调产品的连贯性与互补性，通过设计一系列相互依存的产品来满足不同用户或同一用户在不同场景下的需求。这些产品可能构成成套系列、组合系列、家族系列或单元系列等，它们之间既保持各自的独特性，又通过共通的设计理念或技术标准相互关联，共同提升品牌形象与市场竞争力。

（3）网络化结构设计。网络化结构代表了产品设计的未来趋势，它利用先进的通信技术和互联网协议，将多个具有独立功能的产品通过有形或无形的连接方式整合成一个庞大的网络系统。在这个系统中，各产品节点能够自由交流信息、共享资源，实现功能的扩展与升级。电脑之间的互联网连接、服务器与终端设备的协同工作、无线传呼系统的广泛应用，以及信息高速公路的建设，都是网络化结构设计理念的生动体现。这些系统不仅提高了工作效率，还极大地丰富了人们的生活方式。

4. 空间结构

空间结构不仅关乎产品在三维空间中的布局与形态，更深刻反映了产品与周边环境之间复杂而微妙的相互关联与影响。相较于产品实体的具体与实在，空间结构似乎处于一种"虚无"状态，然而，正是这种"虚无"赋予了产品无限的可能性与生命力。在产品设计中，功能的实现不再局限于实体的构造与材料，空间本身也成为承载与展现功能的重要载体。实体结构作为塑造空间结构的工具与手段，通过精心的设计安排，巧妙地营造出既满足功能需求又富有艺术美感的空间环境。例如，利用麻绳这一看似质朴的材料，通过巧妙的编织与布局，不仅能够创造出独特的室内空间氛围，更能在无形中引导人流、划分区域，实现空间的有效利用与功能的合理布局。空间结构是一种与实体结构并列的结构形式，其设计的重要性不容忽视。

四、环境要素的变化

任何产品都不可避免地与环境紧密相连，作为环境系统的一部分而存在。设计师在产品开发与设计时，必须全面审视并考虑周围的各种环境和条件。这些外部环境要素，如政治、经济、社会、文化、科技及自然环境等，均对设计过程及最终产品的成功与否产生重要影响。尽管设计师的专业能力和水平至关重要，但企业资源和外部环境同样对设计结果产生制约。产品唯有与具体环境相融合，才能展现出真正的生命力与价值。例如，同样是座椅设计，因使用环境的不同，设计重点也会有所区别：家居环境中的座椅注重温馨舒适，办公场所的座椅则强调简洁高效，而在快餐店或公共休息区，座椅设计可能更注重促进人流的快速流动，即便这意味着牺牲一定的舒适度。

展望未来，产品开发设计领域将更加注重与自然环境之间的和谐共存。在这一背景下，设计的核心将转向资源的高效利用与环境的友好保护，旨在保护环境，同时减少不必要的资源消耗。设计不再仅仅追求满足人们的物质需求，而是更加关注提升人类的精神生活质量，确保设计成果既实用又富有内涵。这一转变促使了"生态设计"理念的兴起，它倡导在产品开发的全过程中融入对生态环境的尊重与保护，确保人类活动与自然环境的可持续发展相得益彰。

五、审美色彩的合理设计

产品开发设计，作为融合了美感体验与使用功能的创造性活动，其与审美之间存在着不可分割的天然联系。在设计过程中，追求视觉上的审美愉悦是不可或缺的一环。为了实现这一目标，设计师需遵循一系列经典的美学法则，如比例与尺度的和谐、均衡与稳定的把握、对比与统一的协调，以及节奏与韵律的营造等，这些法则共同作用于产品形态的塑造，旨在触动观者的审美情感。

随着时代的发展，产品开发设计的审美形态也在不断演进。它既承袭了机械几何时代严谨而理性的构成逻辑，又吸纳了新包豪斯学院符号学理论的深刻洞见，通过对多种风格特征的融合与创新，展现了设计的包容性与多样性。更为显著的是，当代设计开始深入探讨地域文化与人文精神的融入，使产品不仅是技术与功能的载体，更成为文化传承与情感交流的媒介。这一趋势极大地丰富了产品设计的审美内涵，构建了一个色彩斑斓、充满个性的审美世界。

在人类的五官感知中，视觉无疑占据着主导地位，而产品形式中的形、色、质（材料）三大要素，共同构建了视觉体验的基础。其中，色彩虽与形态、材质紧密相连且相辅相成，但其独特魅力在于其无可替代的感性化特质。色彩不仅能够激发深层次的情感共鸣，其象征意义与影响力远超形态与材质，这在日常生活中屡见不鲜。当产品步入成熟期，技术层面的竞争逐渐淡化，形态与色彩便成为维系其市场优势的关键。以家用电器为例，如电视机、吸尘器、冰箱等，在技术成熟且市场饱和后，厂商往往通过创新造型与丰富色彩来寻求突破，以此提升产品附加值与市场竞争力。相较于形态调整所受限的设计、制造成本，色彩的变化更为灵活且成本效益高，为产品带来无限的创意空间。即便是同一款产品，通过巧妙的色彩设计，也能形成截然不同的风格，如不同色彩的轿车便能彰显车主的独特个性与审美取向。

色彩不仅是视觉艺术的重要元素，还具备辅助产品功能、传达特定语意的独特能力。与形态相似，色彩亦承载着类语言的功能，能够通过人们的普遍认知与习惯联想，传达出丰富的信息与意图。在设计实践中，设计师常将色彩视为符号，结合形态共同构建视觉语言，通过色彩符号的暗示作用，直接而明确地传达产品的功能与特性。相较于形态，色彩在传达语意时往往更为直观、单纯，减少了模糊性，使信息的接收更为高效准确。同时，色彩的象征意义既显著又微妙复杂，它深受民族、地域及文化背景的影响，展现出多元化的解读。然而，人类的感性认知存在共性，使色彩能够跨越界限，激发普遍的直观感受与情感共鸣，这构成了色彩象征作用的基础。不同的色彩感受激发不同的联想，进而赋予色彩多样的象征内涵，为产品设计增添了无限的创意空间与深度。

六、经济文化的发展

经济与文化的发展是国家与地区进步的双轮驱动。坚实的经济基础为产业繁荣提供了坚实的支撑，促进了科学技术的飞跃，进而推动社会价值观的升华，影响着人们的处世哲学、生活品质及审美趣味。反之，这些社会文化的变迁又深刻作用于产品开发设计领域，促进其不断融入新的理念与元素。

产品开发设计作为连接物质世界与精神追求的桥梁，其灵魂深深根植于文化的沃土之中。设计不仅是技术与美学的结合，更是文化传承与创新的体现。富有文化底蕴的设计作品，能够跨越时空的限制，触动人心，展现出持久而深远的影响力。因此，将文化精髓融入产品开发设计中，不仅能够赋予产品独特的灵魂与魅力，也是推动设计行业持续发展、焕发勃勃生机的关键所在。

第二节　产品开发设计方法与创新策略

一、产品开发设计的基本方法

（一）信息

在产品开发设计的广阔领域里，信息的有效传递成为不可或缺的核心环节。信息设计作为一门精深的技艺与实践，旨在优化信息的处理与呈现方式，进而提升信息应用的效率与效果。这一过程不仅是技术的展现，更是设计师与受众之间深度沟通的桥梁，促进了设计理念与用户需求之间的精准对接。

随着信息技术的飞速发展，信息产品的范畴日益拓展，它们已超越了传统软件应用的界限，深度融合于智能手机、平板电脑、个人电脑等多样化智能设备之中，呈现出丰富的产品形态。尤为值得关注的是，随着物联网技术的普及与应用，信息产品正逐步渗透至家电、厨具、汽车等日常生活领域，如互联网电视、可穿戴设备及智能汽车等新兴产品的涌现，不仅革新了人们的生活方式，更为整个行业的发展注入了强劲动力。这一系列变革不仅体现了技术创新的无限可能，也彰显了信息设计对推动产业升级、促进社会发展的关键作用。

（二）互动

产品开发设计中的互动设计作为新兴领域，深刻体现了交互体验的综合魅力。这一体验不仅是审美享受，更是文化、技术与人类科学的完美交融。人类生活本质上即是一场持续的互动旅程,自诞生之初,我们便与周遭世界、他人以及自我进行着感官、想象、情感与知识的多维度交流。在互动设计的语境下,其核心理念在于打造易用、高效且令人愉悦的产品体验。这要求设计师深入洞察目标用户的需求与期望,细致观察用户与产品互动时的行为模式,深刻理解人的心理与行为特点。同时,还需广泛探索并优化各类交互方式,以持续提升用户体验。此外,互动设计跨越了多个学科边界,促进了不同背景专业人士之间的紧密合作与沟通,共同推动设计实践的进步与发展。

在我们的日常生活中,互动设计因其巧妙与实用性而无处不在,却往往因司空见惯而被忽略其背后的科学智慧。例如,自动感应水管与公共空间中的感应灯,前者通过手部动作精准控制水流,后者则依据声音激活照明,展现了互动设计在节水节能方面的卓越贡献。此外,触碰感应灯进一步升级了交互体验,允许用户根据个人需求轻松调节灯光状态。智能设备中的重力感应技术,更是将互动设计推向新高度,无论是视频画面的自动旋转以适应设备姿态,还是游戏中重力元素的融入,都极大地丰富了用户的操作体验,让科技与生活更加紧密相连。这些看似简单的互动设计,实则是人类智慧与创新精神的结晶,它们悄无声息地融入日常,让生活因此而变得更加便捷与美好。

(三)生命

人生旅途充满变数,世事难料,意外状况时有发生。设计作为以人为中心的艺术与科学的融合,其使命在于提升生存质量,捍卫生命安全。在救援工具领域,这一使命尤为显著。救生气筏是水上救援的关键装备,专为救助落水者设计,迅速响应,提供至关重要的浮力支持。烫伤急救包则以其高效的冷敷机制,为意外烫伤者带来即时的舒缓与保护。至于重大灾难中的生命探测仪,更是科技与人道主义的结晶,穿透废墟,不懈探寻生命的迹象。这些救援产品的不断改良与创新,是对未知挑战的持续探索,是对生命尊严的深切关怀,展现了人类对科技进步与生命保护的不懈追求。

(四)方式

消费与设计紧密相连,二者共同塑造了我们的生活方式。方式设计,作为一种在创新思维指导下的设计形式,紧密围绕人的生理与心理特质展开。它深入探索人类行为模式,关注产品的工作机制及人与产品的交互方式,以此为出发点,对产品进行改良或创新,力求达到更优化的使用效果。方式设计旨在发现并改进那些不尽合理的生活方式,通过设计手段促进人与产品、人与环境的和谐共生,从而推动生活方式的不断进步与完善。在这一过程中,产品被视为实现人类需求的媒介,其核心价值在于如何更好地服务于人,寻找并建立起人与产品之间最为顺畅、自然的沟通桥梁。方式设计不仅丰富了产品的实现形式,更为消费者提供了多样化的选择,让同一用途的产品能以不同面貌呈现,满足不同个体的独特需求,共同编织出一幅多元而美好的生活图景。

(五)情景

情景设计作为一种创新的设计理念,巧妙地将消费者纳入设计过程之中,旨在通过构建多维度的场景,让消费者在商业活动中沉浸于美好的体验之旅。其核心在于深化产品与服务的人性化特质,确保它们不仅易于使用,更贴合用户的操作习惯与心理预期。设计者在进行情景设计时,不仅需预见并优化消费者的未来体验,还需设身处地考虑生产者的实际需求与工作环境,实现换位思考,促进双方共赢。情景设计的精髓在于打破传统风格的束缚,以场景、情绪与故事三大要素为基础,编织出一幅幅生动的叙事画卷。它让空间成为流动的故事舞台,使人在其中感受到的不仅有静态的物品,还有连续、动态的情节发展。生活中不乏情景设计的佳作,它们等待着我们去细心发掘,体会其中蕴含的深刻人文关怀与设计智慧。

(六)印象

印象是心灵深处难以磨灭的印记,承载着对过往人、事、物的深刻记忆,一旦触发,便能穿越时空的阻隔,让往昔场景历历在目。复古之风,作为一种独特的时尚选择,往往能精准地触及人们心底那份对往昔岁月的温柔怀想。复古的电视机、收音机,不仅是技术发展的见证,更是家庭温馨时光的缩影;复古的游戏机与手柄,连接着无数童年欢笑的记忆,让人在指尖触碰间重拾那份纯真的快乐;而复古汽车,以其独特的造型与韵味,穿梭于现代都市的喧嚣之中,仿佛是时间的旅者,引领着人们回溯那个辉煌的年代。

此外,将各地壮丽风景融入日常物品之中,亦是一种唤醒记忆、触动情感的巧妙方式。这些物品,无论是细腻描绘山川湖海的茶具,还是镌刻着古城风貌的装饰品,都能让人在把玩间仿佛置身于那片遥远而迷人的土地,勾起对旅行经历的无限怀念与向往。它们不仅是美的载体,更是心灵的栖息地,让人们在快节奏的现代生活中找到一片宁静与慰藉。

二、产品创新设计的方法

(一)创新变异法

变异创新是一种系统性的设计方法,它始于一个既定的构造方案,通过系统地调整或改变原有方案的属性，衍生出众多新颖的设计变体。这一过程旨在探索设计的多元可能性，为后续优化提供丰富的素材库。随后，针对这些变异方案中的关键参数进行精细化调整与优化，旨在提炼出多个局部最优解，这些"解"在各自特定条件下表现出色。进而，通过对这些局部最优解的深入分析与比较，综合考量各方案的优势与局限，最终提炼出全局视角下的较优设计方案，实现真正意义上的构造创新。值得注意的是，变异设计过程中生成的方案数量与质量直接关联到最终获得全局最优解的概率：方案越丰富多样，覆盖的设计空间越广泛，触及全局最优解的机会便越大，从而有效提升了设计创新的成功几率与效率。

1. 形态变异

形态变异通过调整构件的轮廓、形状、类型及规格，可以激发出多样化的创新方案。以剪刀和钳子为例，这两类常用工具均基于两构件与一转轴的基本构造，但通过形态变异，如改变刀刃曲线、钳口形状或整体造型，即可实现剪切与夹紧功能的新颖表达，从而满足不同的使用需求与审美偏好。

2. 材料变异

不同材料的物理与化学特性直接决定了产品构件的尺寸精度、加工工艺路径乃至最终产品的整体构造与形态。因此，材料的创新应用不仅能够促进加工工艺的革新，还能开启全新的产品设计思路，创造出功能独特、形态各异的产品。

3. 连接变异

连接变异有两层含义：首先，连接方式的革新，如从传统的螺纹连接拓展到焊接、铆接、胶接等多种技术，每种方式都带来了不同的结构强度、密封性能及装配效率。其次，针对特定连接方式，通过调整连接构造的细节设计，如优化连接件形状、增加辅助固定结构等，可以进一步提升连接的可靠性与便捷性。对于需频繁拆卸的产品而言，连接变异尤为关键，它要求在确保连接稳固的同时，还要兼顾减少磨损、简化拆装流程，以提升产品的整体用户体验与维护效率。

4. 尺寸变异

尺寸变异作为构造设计中的一个核心变量，涉及长度、距离及角度等关键参数的调整。通过精细调控这些尺寸参数，可以显著影响产品的物理性能与使用体验，例如，微调饮料瓶口直径即可优化倾倒流畅度与用户握持感。尺寸变异因其直观性与可控性，成为构造设计创新中最常用的手段之一，同时也特别适合通过计算机模拟进行高效优化。

5. 工艺变异

工艺变异强调根据产品的具体构造需求，灵活选择适宜的构件制造工艺，以期达到优化产品制造成本、提升产品质量及性能的目的。以金属构件为例，不同的加工工艺（如铸造、焊接、型材拼装等）将直接塑造出截然不同的构造形态。尽管这些工艺在成品形态上差异显著，但各自在其适用的材料与工艺框架下均展现出高度的合理性与有效性。工艺变异的选择依据在于产品的力学性能标准、生产规模以及生产环境等多元因素的综合考量，旨在实现成本效益与产品性能的完美平衡。

（二）创新组合法

在创新活动中，存在两种主要类型：突破性创新与组合性创新。突破性创新侧重于发明或发现前所未有的新技术，其难度与风险相对较高。而组合性创新则另辟蹊径，它依赖对现有知识与技术的重新整合与优化配置，以实现创新目标。这种方法相较于突破性创新而言，实现难度较低，且成功率较高，为众多企业和个人提供了切实可行的创新路径。

（三）创新完满法

"完满"一词，在创新领域代表对资源最大化利用的追求。基于此理念，创造学发展出了一系列旨在完善现有设计或产品的策略，如缺点列举法、缺点逆用法以及希望点列举法等。这些方法均旨在通过系统性地识别与分析现有产品或服务中的不足之处，进而提出针对性的改进方案，以期达到"完满"状态。缺点列举法鼓励直接列出并改进现有产品的缺陷；缺点逆用法则尝试将某些看似不利的特性转化为新的优势；而希望点列举法则侧重于收集并满足用户对产品的潜在期望与需求。这些方法共同构成了创新完满法的核心，推动着产品与服务不断向更加完善、更符合市场需求的方向发展。

（四）创新人机法

构造设计是为了实现产品的功能，而功能最终是为人服务的，不能因为某种构造本身的"先进性"而忽视使用者——人的因素。人机环境系统作为一个复杂而精密的整体，其核心在于实现人与机器、环境之间的和谐共生与最优互动。在这一过程中，人机工程学原理成为构造创新设计的基础，它指导我们如何设计更加符合人体工学、更加人性化的产品。

以入耳式耳机为例，其设计正是深入理解了人耳的生理结构与听觉需求，从而创造出多种贴合耳廓、佩戴舒适的款式。这种设计不仅提升了耳机的音质表现，更极大地改善了用户的佩戴体验，减少了长时间佩戴带来的不适感。正是通过这种人机工程学原理的巧妙运用，使入耳式耳机在市场中脱颖而出，成为众多音乐爱好者的首选。因此，创新人机法强调在产品设计过程中，必须始终以人为本，充分考虑人的因素，将人机工程学原理贯穿设计的每一个环节，以实现产品功能与人机体验的最优化融合。

第三节　产品开发设计材料与创新应用

材料是产品造型的物质基础。当代工业产品的先进性不仅体现在它的功能与结构方面，同时也体现在新材料的应用和工艺水平之高低上。材料本身不仅制约着产品的结构形式和尺度大小，还体现了材质美的装饰效果，所以合理地、科学地选用材料是造型设计极为重要的环节。

一、产品开发设计中对材料的选择

（一）木材

1. 木材的分类

木材是历史悠久的建筑材料与家具制作原料，以原木和人造板材两大类别为主。原木以其轻盈的质感、卓越的强度比、天然色泽与纹理之美，以及优良的隔热与绝缘性能，成为制作工具把手等部件的理想选择。然而，原木亦有其局限性，如抗压抗弯能力较弱、易变形、易腐易燃且易受虫害侵袭。在原木中，紫檀、花梨木、红木等珍稀品种更是因其独特魅力而备受推崇。为解决天然木材资源稀缺及性能局限，人造板材应运而生。它利用原木、刨花、木屑等多种植物纤维为原料，经机械或化学加工而成，不仅弥补了天然木材储量的不足，还展现出幅面大、质地均匀、美观耐用、加工便捷等诸多优势，广泛应用于家具制造、建筑装饰及装修工程等多个领域。其中，胶合板、中密度纤维板、刨花板及细木工板等人造板材种类丰富，各有千秋，共同推动着木材行业的持续发展。

2. 木材的处理方式

木材表面处理的方式有表面基本加工处理和表面被覆处理两种类型。

（1）木材表面基础精饰工艺。木材在经历一系列基础加工后，其表面得以美化与平滑。这些工艺主要包括砂磨、染色、填孔及脱色等步骤。砂磨是首要环节，通过机械或手工方式，利用木砂纸顺延木材纹理细致打磨，旨在消除表面毛刺，赋予木材细腻触感。染色则旨在提升木材纹理的视觉效果，使其色彩更加均匀美观，几乎成为木制产品加工不可或缺的一环。填孔技术则针对木材表面的瑕疵如裂缝、钉眼及虫眼等，以专用填孔料巧妙填补，恢复木材表面的平整与完整。脱色处理则借助化学药剂的氧化还原作用，实现木材色泽的均匀统一，为后续设计奠定良好基础。这一系列加工不仅提升了木材的视觉美感，也为最终产品的设计效果增添了无限可能。

（2）木材表面被覆技术革新。为进一步提升木材的实用价值与审美体验，表面被覆处理显得尤为重要。该技术通过覆贴、涂饰及化学镀等手段，深刻改变木材表面的物理化学特性，赋予其全新的质感与风貌。覆贴工艺作为增强木制产品外观装饰性的有效手段，广泛采用木纹纸、人造革、PVC膜及薄木等材料，精准贴合木材表面，创造出丰富多彩的视觉效果。涂饰，即俗称的涂装或油漆过程，将涂料的潜在效能转化为实际保护作用与装饰效果，满足产品对美观、防护及特殊功能的多重需求。而化学镀技术，如镀铜或镀金，不仅赋予木材电磁屏蔽等特殊性能，更以其奢华的视觉效果显著提升木制产品的附加值，展现了现代科技与古典美学的完美融合。

（二）塑料

塑料是一种广泛应用的高分子材料，已深度融入人们日常生活的方方面面。它由合成树脂、增塑剂、稳定剂、着色剂、固化剂、润滑剂、发泡剂及填料等多种成分精妙组合而成，赋予了塑料轻质、耐震、绝缘、防水、耐腐蚀等一系列卓越性能。塑料不仅透明有光泽，易于着色，还具备高度的可塑性，加工简便，这些特性使其成为艺术设计领域的理想材料。在成型工艺上，塑料展现出多样性，包括挤塑、吹塑、注塑、压塑等多种方法，而喷花、贴花、印花、电镀等装饰技法更是丰富了塑料产品的视觉效果。现代感十足的塑料产品不仅在日常生活中随处可见，更有一部分高强度、高刚性的工程塑料，凭借其卓越性能，在汽车制造、航空航天、船舶工业及机电工程等领域得到广泛应用，展现了塑料材料跨领域的无限潜力与价值。

塑料材质的表面装饰处理主要有涂饰、贴膜、热烫印、丝网印刷等方式。

第一，涂饰。涂饰技术通过将特定涂料均匀涂覆于塑料产品表面，不仅实现了色彩的多样化与个性化定制，还赋予了表面独特的纹理效果，增强了产品的视觉吸引力。此外，涂饰层还具备优异的耐腐蚀性能，有效延长了塑料产品的使用寿命，并减缓了因环境因素导致的老化过程。在体育用品领域，如排球、篮球、足球等产品，涂饰处理已成为提升产品整体品质与市场竞争力的关键手段。

第二，贴膜法。贴膜装饰技术是一种高效且灵活的外观美化方法，广泛应用于塑料产品的个性化定制与信息传达。该技术通过将预先设计好的花纹、图案等装饰元素印制在塑料薄膜上，随后在塑料产品成型过程中，利用熔融塑料的热量将薄膜紧密贴合于产品表面，实现装饰效果与产品的完美融合。此方法不仅简化了装饰流程，还确保了装饰图案的清晰与持久。

第三，热烫印法。热烫印作为一种高端的表面装饰工艺，通过精确控制压力与温度，将金属箔片上的图案或文字以黏结剂为媒介转印至塑料产品表面。此过程不仅赋予了产品华丽的金属质感与光泽度，还显著提升了产品的附加值与市场竞争力。热烫印技术广泛应用于需要高品质外观装饰的塑料产品上，成为品牌塑造与产品差异化竞争的重要策略之一。

第四，丝网印刷。丝网印刷作为塑料制品二次加工中的经典技术之一，以其精细的印刷效果与广泛的适用性而备受青睐。该技术利用特制的丝网版作为印刷模板，通过刮板挤压油墨使其透过丝网孔隙转移至塑料产品表面，形成精美的图案或文字。丝网印刷不仅能够有效改善塑料制品的外观装饰效果，还具备成本低廉、操作简便等优势，是塑料产品个性化定制与市场推广的重要工具。

（三）金属材料

金属材料广泛分布于工业与生活领域，主要分为黑色金属（以钢与铸铁为代表）与有色金属（涵盖除铁外的一切金属及其合金）两大类。依据密度差异，金属材料可细分为重金属（密度超过5）与轻金属（密度小于5）两大类。此外，工业界常以熔点作为分类依据，将熔点低于700℃的金属或合金界定为易熔金属或合金。这些金属因其独特的分子结构而展现出卓越的刚性与延展性，是工业产品、家用电器及工具制造不可或缺的基础材料。它们不仅具备高热传导系数与优异的导电性能，还具有不透明、具重量感及易于加工成型的特点。金属表面可通过磨光、抛光处理达到高度光泽，进一步提升了其美观度与实用价值。

（四）陶瓷

陶瓷是一种通过高温烧结工艺获得高强度固体材料的典范，其原料范畴随着科技进步已显著拓宽，不再局限于传统的硅酸盐类如黏土、长石、石英等，而是广泛吸纳了非硅酸盐、非氧化物等高纯度及人工合成原料。这一演变促使"经高温热处理合成的无机非金属固体材料"统一归入现代陶瓷的范畴。陶瓷家族庞大，主要分为普通陶瓷（亦称传统陶瓷）与特种陶瓷两大阵营。普通陶瓷涵盖了日常生活不可或缺的日用陶瓷、支撑建筑美学的建筑陶瓷、服务于化学工业的化工陶瓷以及功能独特的多孔陶瓷等；而特种陶瓷则以其卓越性能著称，包括增强结构强度的高强度陶瓷、承受极端高温而不屈的高温陶瓷、抵御酸蚀的耐酸陶瓷、耐磨损的耐磨陶瓷，以及探索光学奥秘的光学陶瓷、展现磁性魅力的磁性陶瓷、促进医疗健康的生物陶瓷等。尽管陶瓷以其耐高温、抗氧化、耐腐蚀等优异性能著称，但其脆性较高且高温烧制过程中易变形等固有缺陷仍需关注与优化。因此，设计师在设计过程中要充分考虑，主要注意以下几点。

第一，审视陶瓷材料性能。在陶瓷制品的造型设计之初，首要任务是深入探究陶瓷材料的本质特性，包括其成型性能、变形倾向、脆性程度、收缩比率以及烧成温度等关键工艺参数。这些性能直接关联到产品的功能实现与艺术呈现，需确保设计构思与材料特性相契合，方能达成实用与美观的双重目标。

第二，材质特性与造型融合。陶瓷材料种类繁多，如瓷器之精致典雅、陶器之自然淳朴、精陶之韧性与紫砂之坚硬，各有千秋。设计时需充分考虑各材质的独特美感，通过形体塑造、色彩搭配、质地展现及细节处理，将材料特性与造型语言完美融合，使每件作品都能彰显其独一无二的材质魅力。

第三，遵循成型工艺逻辑。陶瓷制品的成型是一个复杂而精细的过程，从原料选择、配方调配、釉料制备到成形、干燥、烧成及装饰，每一环节均需严格遵循制作工艺程序。设计时应充分考虑这些工艺限制，确保设计意图在现实中得以精准实现。同时，不同坯体成型方法对坯料的要求及模具的精确制作亦不容忽视，任何细微偏差都可能影响最终效果。

第四，强化陶瓷装饰艺术。陶瓷装饰是提升制品外观品质与审美价值的重要手段。雕塑、色釉、色坯、釉上彩绘、釉下彩绘、结晶釉及贵金属装饰等多种技法，各具特色，为陶瓷艺术增添了无限可能。设计师应灵活运用这些装饰手段，不应局限于传统技法，可大胆创新，探索新的装饰语言，以丰富陶瓷制品的艺术表现力，满足多元化的审美需求。

（五）玻璃

玻璃是一种由熔融物冷却固化而成的非晶态无机材料，其核心成分为二氧化硅，以其透明坚硬之姿广泛应用于各领域。玻璃不仅具备优异的隔热与耐腐蚀性能，还拥有一系列独特的光学特性，如稳定的光学常数与丰富的光谱表现，这为其在光学器件、建筑窗体及日常生活用品中的广泛应用奠定了坚实基础。值得注意的是，玻璃制品的表面状态对其整体性能有着显著影响，因此，通过精进的玻璃表面处理技术对玻璃性能进行针对性优化，不仅能够显著提升其物理与化学稳定性，还能有效增强产品的市场竞争力与附加价值，从而满足不同应用场景下的多样化需求。常用的玻璃表面处理工艺有以下几种。

1. 表面被覆

在玻璃表面被覆处理中，玻璃画以其独特的艺术性成为直接且有效的装饰手段，为玻璃制品增添了视觉层次与美感。此外，通过先进的物理与化学镀膜工艺，可创造出多种特性鲜明的玻璃产品，如镀银、镀铝镜面玻璃展现耀眼光泽，热反射膜镀膜玻璃有效调节室内光线与温度，低辐射镀膜玻璃则在节能环保方面表现出色，这些创新处理不仅提升了玻璃的功能性，也拓宽了其应用领域。

2. 化学处理

利用酸性介质的腐蚀作用，对玻璃表面进行精细加工，可轻松实现磨砂效果，赋予玻璃柔和的质感与朦胧美感。进一步加深腐蚀程度，还能在玻璃上雕琢出细腻复杂的蚀刻花纹，这种独特的表面效果不仅满足了个性化装饰需求，也提升了玻璃制品的艺术价值。

3. 机械加工

针对玻璃表面的物理改造，机械加工提供了多样化的技术手段。通过精细的研磨与抛光，可以显著提升玻璃表面的光洁度与透明度；切割、钻孔工艺则根据设计需求精确塑造玻璃形态；砂雕与刻花技术更是能在玻璃上创造出丰富多彩的图案与纹理。这些加工手段不仅改变了玻璃制品的外观形态，也根据具体应用场景强化了其物理性能与结构功能。

（六）复合材料

复合材料作为现代材料科学的重要分支，通过巧妙结合金属材料、非金属材料与高分子材料的优势特性，实现了性能上的互补与超越。合金、钢筋混凝土、镀锌钢板及复塑钢板等均为复合材料的典型代表，它们融合了不同材料的最佳属性。金属材料以其高硬度著称，但在耐酸碱腐蚀方面存在局限；非金属材料虽质轻但强度不足；高分子材料耐磨耐腐，却难以承受高温考验。金属陶瓷作为复合材料领域的杰出成果，通过将陶瓷粉与金属碎末高温烧结而成，不仅继承了金属的高强度与高韧性，还兼备了陶瓷卓越的耐高温性能，如金属钴基陶瓷能在极端高温下保持稳定。而玻璃钢，这一以玻璃纤维为增强相、塑料为基体的复合材料，则展现了轻质高强、耐腐蚀、隔音佳等多重优势，为材料应用开辟了新境界。这些复合材料的诞生，标志着材料科学向更高性能、更多元化方向迈出了坚实步伐。

（七）染织材料

织物材料包括天然纤维如毛、丝、棉、麻，以及现代科技产物——化学纤维，广泛应用于服饰与纤维织物的创意设计中。天然蚕丝尤为珍贵，能编织成纺、绸、缎、绉、锦、罗、纱、绢、绫、绡、呢、绒、绨等多姿多彩的织物，它们共同以卓越的光泽、舒适的触感、优良的透气性能，赋予穿戴者高雅与华贵的体验。随着时代的发展，人造纤维以其多样性与实用性丰富了织物材料的选择。

至于染色材料，我国历史悠久，从古代的有机植物染料（如靛蓝源自蓝草，茜红取自茜草）与无机矿物颜料（如朱砂、石绿、土红），到明清时期种类繁多的天然色彩库，无不彰显着古人的智慧及与自然和谐共生的理念。及至近代，随着化学工业的兴起，人造颜料如铬绿、铬黄、钛白、立德粉等应运而生，极大地拓宽了色彩表现的范畴，为染织艺术注入了新的活力与创意灵感。

（八）漆

生漆的种类繁多，应用广泛，常用的即达十余种，它们依据主要成分与特性的不同，被细分为多个类别：油脂漆类，涵盖清油、厚漆、油性调和漆及防锈漆，以其良好的附着力和耐久性著称；天然树脂漆类，包括清漆、磁漆、虫胶漆及大漆等，自然纯净，赋予被涂物温润光泽；此外，还有基于现代化工技术合成的醇酸树脂漆类、氨基树脂漆类、硝基漆类、过氯乙烯漆类、丙烯酸树脂漆类、环氧树脂漆类及聚氨脂漆类等，这些漆种各具特色，广泛应用于家具、建筑、汽车、船舶等多个领域，满足了不同材质与环境的涂装需求。

（九）编织材料

编织艺术源远流长，其材料丰富多样，涵盖了自然赋予的竹、草、柳、藤、麻、棕，以及现代工业产物——化学纤维与塑料等。竹材以其轻便、韧性佳、易加工之特性，成为编织领域的佼佼者，广泛应用于生活器具与家具制作，如精致的竹篮、实用的笔筒、古朴的竹凳、雅致的果盒，乃至夏日不可或缺的凉席、遮阳的斗笠、雅致的屏风、便携的扇子、温馨的灯罩与餐桌，展现了竹制品在生活中的无限可能。竹类资源丰富，从紫金竹的华贵到淡竹的清雅，斑竹的独特纹理，毛竹的粗壮坚实，慈竹的温婉细腻，再到黄苦竹的坚韧不拔，每一种竹材都赋予了编织品独特的韵味。

此外，草、柳条、藤条等自然材料亦被广泛应用于编织，它们不仅成本低廉，且就地取材，体现了编织艺术的质朴与实用。草编工艺更是将麦秸草、琅琊草、山箭草等多种草本植物巧妙转化为生活美学的一部分，编织出草篮、草帽、地毯、门帘、茶垫、坐垫等既实用又美观的生活用品。这些草编制品以其独特的造型、精细的编织工艺、自然的色泽以及清新的质感，赢得了广大消费者的喜爱，成为连接自然与生活的温馨纽带。

二、产品开发设计中对新材料的运用

（一）纳米材料

纳米材料是指在三维空间中至少有一维处于纳米尺度范围（1～100nm）或由它们作为基本单元构成的材料，在这个范围内物质的性质会发生改变，而拥有一种新的、特殊的性能。

自20世纪60年代起，纳米材料便吸引了全球科研界的广泛关注与深入研究，推动了纳米磁性材料、纳米陶瓷、纳米半导体及纳米催化材料等一系列创新成果的诞生。这些纳米材料在产品开发设计中的应用日益广泛且深入，为科技进步与产业升级注入了强劲动力。例如，通过前沿技术将微小硅丝均匀覆盖于聚酯纤维表面，成功研发出了一种革命性的布料，即便长时间浸泡于水中亦能保持内部绝对干燥。这一突破性材料不仅革新了纺织行业的传统认知，更为服装、家具等日常生活用品的设计与制造开辟了全新可能，展现了纳米科技在改善人类生活品质方面的巨大潜力。

（二）变色材料

变色材料是指能够根据外界条件变化而调整自身颜色的创新材料，依据其响应机制的不同，细分为光致、电致、压致、溶剂致及热致变色材料等多个类别。这些材料的应用领域极为广泛，尤其在光致变色领域，不仅用于纺织品、涂料及特殊镀膜玻璃（如眩层玻璃）等，还深刻影响着人们的日常生活。以光致变色太阳镜为例，该产品在日光或特定光源照射下能迅速由无色或浅色转变为多彩色泽（如红、绿、蓝、紫等），而一旦脱离光源或经加热处理，又能迅速恢复原状，这一可逆过程展现了光致变色材料的独特魅力。

值得一提的是，近年来有机光致变色材料作为新兴功能材料崭露头角，其应用范围已从尖端科技领域拓展至更广泛的民用市场，包括时尚服装、塑料制品、室内装饰、信息技术、旅游装备、油漆涂料、印染工艺等多个行业，不仅提升了产品的科技含量与附加值，也为消费者带来了前所未有的体验与便利。

（三）智能材料

智能材料作为现代高科技领域的璀璨明珠，集传感、反馈、信息识别与积累、响应、自诊断、自修复及自适应七大功能于一体，能够精准感知外部刺激并作出相应处理。在产品开发设计中，智能材料以其独特的情趣、处理、适应与交流智能，为产品赋予了前所未有的生命力。例如，变色太阳镜中的智能材料能根据光线强弱自动调节镜片颜色，展现了智能材料在日常生活中的便捷应用。同时，形状记忆合金作为智能材料的重要代表，以其独特的形状记忆功能，在高科技领域如卫星自展天线中发挥着关键作用，预示着智能材料在未来科技发展的无限可能。

（四）轻金属材料

1. 镁合金

镁合金是一种绿色、最轻质的金属材料，其在地壳中的自然分布广泛，常以化合物形态存在，已成为继钢铁、铝之后的第三大重要金属工程材料。镁合金之所以备受青睐，源于其多方面的优异特性。

（1）高比强度特性。镁合金不仅具备相当的承载能力，其比强度虽略逊于钛合金，却显著优于铝合金，更远超工程塑料，这一特性使镁合金在要求材料轻质且高强度的应用场景中脱颖而出。

（2）极致轻量化。镁合金的密度极低，仅为铝的2/3、钛的2/5、钢的1/4，相较于铝合金减重36%，比钢轻达77%。这一显著优势促使镁合金在航空航天、汽车制造等领域得到广泛应用，对于减轻整体重量、提升能效具有不可估量的价值。

（3）电磁屏蔽效能卓越。镁合金无需复杂表面处理即能展现出优异的电磁屏蔽性能。研究表明，采用镁合金制作手机外壳可有效吸收高达90%的辐射，使其成为制造电子器件壳体的理想选择，为电子产品及家用电器提供了更加安全的使用环境。

（4）优良的应力分散与抗震性。镁合金具有较低的弹性模量，当受到外力作用时，应力分布更为均匀，有效避免应力集中现象。在承受冲击载荷时，其能量吸收能力较铝合金高出约50%，加之其出色的刚性和抗震性能，长期使用下仍能保持尺寸稳定，不易变形。这些特点使镁合金特别适用于制造需承受剧烈冲击或对尺寸稳定性要求极高的零部件，如飞行器结构件。

此外，镁合金还展现出卓越的减震性能、良好的加工成形性以及优异的导热性能，这些综合优势进一步拓宽了其在各领域的应用潜力。

2. 铝锂合金

被誉为"飞行金属"的铝锂合金，是一种集低密度、高弹性模量、卓越比强度与比刚度于一身的新型铝合金材料。其独特的耐蚀性能，使铝锂合金在航空、航天领域成为理想的结构材料选择。然而，这一材料亦非尽善尽美，其塑性与韧性相对较低，对缺口敏感性强，且断裂韧度值有待提升，这些因素在设计与应用过程中需予以充分考虑。

3. 快速凝固新型铝合金

快速凝固技术为铝合金材料的性能提升开辟了新路径。在此技术条件下，合金材料的微观组织结构发生显著变化，这些变化直接促进了合金强韧性、耐磨性及耐腐蚀性的大幅提升。快速凝固新型铝合金因此能够更好地满足复杂多变的工业生产需求，展现了其在提升材料综合性能方面的巨大潜力。

目前，随着快速凝固技术的不断发展与完善，国内外已成功利用该技术制备出耐热铝合金、耐磨铝硅合金、高强度铝合金及低密度铝锂合金等系列典型的高性能铝合金材料。其中耐磨铝硅合金具有优异耐磨性、低热膨胀系数及优良铸造和焊接性能，属于国内外应用非常广泛的内燃机活塞合金。

由于采用快速凝固技术可明显提高铝合金的比强度、弹性模量、热稳定性、抗腐蚀性及断裂韧性，因此快速凝固铝合金在航空航天及机械工程领域中的应用受到人们的高度重视并且不断发展、扩大。

（五）电磁屏蔽材料

1. 填充复合型屏蔽材料

填充复合型屏蔽材料通过将导电填料（如碳纤维、镀金属纤维、金属片、超细炭黑等）与塑料等基体材料复合而成，旨在提升材料的屏蔽性能。以碳纤维为例，其由高强度碳元素构成，不仅质量轻、强度高，还具备出色的抗腐蚀性与稳定性，以及卓越的X射线穿透性和耐极端温度特性。这些优势使碳纤维广泛应用于高尔夫球棒、鱼竿、航空部件及电力车车身等高端产品设计领域，同时在医疗设备、土木工程等多个行业也展现出巨大潜力。

2. 铁磁材料与金属良导体材料

铁磁材料，如纯铁、硅钢、坡莫合金等，凭借高磁导率特性，在低频磁场屏蔽中发挥着关键作用，通过引导磁力线穿过高磁导率材料以减小空间磁通密度。而金属良导体则因其优异的导电性，在高频电磁屏蔽中表现突出。两者共同构成了电磁屏蔽领域的重要材料基础。

3. 导电涂料与屏蔽材料

导电涂料通过将导电微粒均匀分散于树脂基体中，形成可涂覆的薄膜，经固化后赋予产品表面导电与屏蔽功能。此外，发泡金属屏蔽材料利用电磁波在材料内部空洞中的多次反射与吸收实现高效屏蔽，而纳米屏蔽材料则依托纳米技术的独特效应，探索新型屏蔽材料的可能性，两者均为屏蔽技术的发展开辟了新路径。

4. 表面敷层薄膜屏蔽材料

表面敷层薄膜屏蔽材料通过在塑料等非导电材料表面沉积一层导电薄膜，利用反射损耗机制增强屏蔽效果。常见的制备方法包括化学镀、真空蒸镀、溅射镀膜等，这些技术赋予表面薄膜优异的导电与屏蔽性能。然而，附着力不足及二次加工性能受限等问题仍需关注与改进。

（六）超导材料

超导材料是一种具有超导电性的材料。它是某些材料在冷却到一定温度后，电流通过时这些材料会出现零电阻，失去电阻的现象，同时材料内部失去磁通成为完全抗磁性的物质。一般超导材料在电阻消失前的状态称为常导状态，电阻消失后的状态称为超导状态。

超导技术的应用遍及能源、运输、基础科学、资源、信息和医疗等科学技术的广泛领域。例如高温超导体在磁悬浮列车、磁分离技术、高能加速器、磁性扫雷技术和磁流体推动技术等方面有重要的应用价值。

（七）电子纸材料

电子纸是一种创新的显示媒介，其核心在于其内置的集成电路（IC）芯片线路结构，这一设计彻底颠覆了传统植物纤维纸张的形态，同时保留了与传统纸张相似的视觉与使用体验。其独特之处在于，作为电子显示屏，它兼具轻薄与可重复擦写的特性，且具备双稳态功能，即在图像保持阶段无需持续耗电，从而实现了显著的能源节约。电子纸的材料构成复杂而精密，融合了聚酯类化合物基底、硅胶电路控制层以及特种玻璃、金属等多种高端材料，共同构成了多层、细微且高性能的结构体系。

（八）可降解的高分子材料

可降解高分子材料是绿色化学领域的重要成果，展现出了对生态环境保护的深刻承诺。这类材料不仅保持了高分子材料的基本性能优势，更在生命周期的末端实现了向无害物质的自然转化，有效减轻了环境负担。特别是可降解塑料，其在包装行业的广泛应用，如购物袋、垃圾袋、餐具及包装薄膜等，不仅满足了日常使用的功能性需求，更在废弃后能够通过自然降解过程回归自然，为可持续发展目标提供了坚实的物质基础。这一创新材料的应用，不仅体现了科技进步与环境保护的和谐共生，也为未来材料科学的发展指明了绿色、可持续的方向。

三、材料的不同特性分析

从材料的功能来讲，一般机械工程材料要具有足够的机械强度、刚度、冲击韧性等机械性能。而电气工程材料，除了机械性能外，还需具备导电性、传热性、绝缘性、磁性等特性。但从造型角度来讲，对造型材料除了上述材料的物理、机械性能要符合产品功能要求外，还要具备下列特性。

（一）感知材料特性

人类通过感官系统对材料的特性进行全方位感知，这一过程被称为感觉物性，涵盖了冷暖触感、重量体验、柔软度判断、光泽观察、纹理辨识及色彩感受等多个维度。当前，材料世界丰富多样，大致可划分为天然与人工两大阵营。天然材料，如木材、竹子、石块等，以其独特的质感和外观特征，赋予人们自然、原始的情感体验；而人工材料，诸如钢材、塑料等，则通过科技手段展现出多样化的物理性能与美学价值。

1. 木材

以其质朴的色彩与自然的纹理，营造出雅致、轻松的氛围，提供温暖与舒适的居住体验，让人仿佛置身于大自然之中。

2. 钢铁

其深邃的色泽与坚固的结构，不仅象征着力量与稳定，也带来一种深沉而冷静的视觉冲击，让人感受到工业时代的厚重与庄严。

3. 塑料

多彩且多变，通过不同的加工工艺呈现出千姿百态的造型，成为现代生活中不可或缺的一部分。其细腻、光滑的表面处理，赋予产品以优雅与时尚的气息。

4. 金银

作为贵金属的代表，其闪耀的光芒与色泽，自古以来便是财富与地位的象征。金银饰品以其独特的光泽与质感，让人感受到无尽的奢华与尊贵。

5. 呢绒

作为冬季服饰的优选材料，其厚实柔软的触感不仅提供了温暖的穿着体验，还增添了一份亲近与温馨的氛围。

6. 铝材

以其轻盈的体态与明亮的色泽，成为现代工业设计与家居装饰的新宠。铝材的应用不仅体现了科技与艺术的完美结合，更赋予了空间以明快与通透的视觉感受。

7. 有机玻璃

作为现代材料科技的结晶，其透明清澈的特性极大地拓宽了视觉边界。在各类设计作品中，有机玻璃以其独特的质感与视觉效果，为人们带来了前所未有的开阔视野与审美享受。

在造型设计中，材质的选用是至关重要的一环。设计师需深入了解每一种材料的物理特性、美学价值以及文化内涵，并结合产品的实际功能与审美需求，科学合理地组合运用这些材料。通过运用美学的法则与原则，设计师能够充分挖掘并展现每一种材料的美学潜力，使产品的形、色、质达到和谐统一的艺术效果。

（二）环境适应性

现代造型材料需具备良好的环境适应性，即能够抵御外界多种复杂因素的侵蚀而不发生褪色、粉化、腐朽等劣化现象。这些外界因素包括但不限于室内外环境变化、水分与大气条件、地域气候差异（如寒带与热带）、空间位置（高空与地面）以及昼夜更替等。以塑料制品为例，在室外环境下使用时应避免选用易老化的 ABS 树脂，转而选择耐候性更佳的聚碳酸酯材料，以确保产品的长期稳定性与耐用性。

（三）加工成形能力

良好的加工成形性意味着材料能够通过各种成型工艺轻松转化为所需形状与结构。木材之所以成为优良的造型材料，很大程度上得益于其出色的加工成形性。同样，钢铁之所以在现代工业生产中占据核心地位，也离不开其卓越的加工成形能力，包括铸造、锻压、焊接以及多种切削加工手段（如钻、铣、刨、磨等）的广泛应用。此外，塑料、玻璃、陶瓷等材料也因具备优良的成型性能而在现代化大生产中占据一席之地。

（四）表面处理技术

产品加工成形后，表面处理成为提升产品外观品质、延长使用寿命的重要环节。表面处理旨在改善材料表面特性，增强装饰效果，并保护基材免受外界侵蚀。常用的表面处理方法包括涂料涂装、电镀、化学镀、钢铁的发蓝氧化与磷化处理、铝及铝合金的化学氧化与阳极氧化处理，以及金属着色等。根据产品的具体使用功能与所处环境，合理选择表面处理工艺与面饰材料，对于提升产品整体外观质量与市场竞争力具有重要作用。

四、材料的使用与产品外观

在产品的外观设计领域，材料的选择与应用对最终成品的质量与市场竞争力具有举足轻重的影响。以工程塑料为例，其卓越的加工成型性能为复杂形态的艺术构思提供了无限可能，使设计师能够轻松实现流线型与支撑结构的完美结合。正因如此，工程塑料广泛应用于电视机、电脑等电子产品外壳制造中，不仅确保了产品的美观流畅，还极大提升了生产效率并降低了成本。此外，塑料材料的灵活多变特性，如易于电镀、染色等工艺处理，进一步丰富了产品的色彩与纹理表现，如照相机、录像机外壳常采用的黑色或灰色塑料材质，便巧妙营造出高贵、典雅而不失亲切感的视觉体验。因此，在产品造型设计中，积极引入并巧妙运用新材料，不仅能够赋予产品新颖独特的外观造型，显著提升其市场竞争力，也是设计师紧跟时代步伐、满足市场需求的重要途径。因此，对于造型设计者而言，持续跟踪并深入理解各类新材料的特性，勇于在产品设计中创新应用，是提升设计品质、引领市场潮流的关键所在。

第五章

产品开发设计中的思维创新

第一节 产品开发设计的创意思维原理

设计是多元化的艺术，设计本身就是一种创造。设计的过程就是创意思维实现的过程，在好的创意思维方式的引导下，我们能够更快更准确地找到思维实施的点，从而缩短设计时间，提高设计的效率与效果。设计的效果只能说明设计的结果，而设计的效率要靠创意思维的训练和培养来体现。等待灵感只能让我们白白浪费时间与精力，有了创意思维的系统支持，灵感会源源不断地融入我们的设计中。

一、创造性与再造性

在产品开发设计领域，创造性与再造性构成了创意思维不可或缺的两翼。创造性，作为设计的灵魂，是推动设计创新与突破的关键力量。它要求设计师敢于挑战传统，勇于探索未知，通过独特的视角和新颖的手法，创造出前所未有的设计形态与体验。创造性思维的活跃，能够激发设计师的无限想象力，让设计作品充满生命力和新鲜感，满足用户日益增长的个性化需求。而再造性，则是在尊重既有知识与经验的基础上，对设计进行微调与优化，以确保设计方案的可行性与稳定性。再造性思维强调对规则的遵循与精确执行，它要求设计师在保持设计创新性的同时，也要注重设计的实用性和可操作性。在产品开发过程中，再造性思维有助于确保设计方案的顺利实现，减少实施过程中的不确定性，提高产品的市场竞争力。

创造性与再造性在产品开发设计中相辅相成，共同推动着设计实践的不断进步。创造性为设计提供了源源不断的灵感与动力，让设计作品焕发新生；而再造性则确保了设计的可实施性和稳定性，为产品的成功上市奠定了坚实基础。因此，在产品开发设计中，设计师应充分发挥创造性与再造性的优势，灵活运用创意思维原理，不断创造出符合市场需求、具有竞争力的优秀产品。

二、常见思维类型

（一）下意识型思维

下意识型思维，又称习惯型思维，源自个人长期积累的经验，促使人们在无意识中沿用以往的行事模式，事后可能并未意识到其适用性。这种思维模式在重复性的日常生活中尤为显著，如教师与学生的日常作息、上班族固定的通勤路线等，均是其体现。诚然，遵循习惯能带来便捷与效率，但长期而言，它也限制了人们观察与思考的广度与深度，无形中阻碍了创新思维的发展。

为了激发内在的创造力，实现个人与社会的进步，我们必须有意识地挑战并打破下意识型思维的束缚。这意味着要勇于尝试新事物，运用新方法，即便这意味着需要承担比常规做法更高的风险。风险意识的强化在这一过程中至关重要，因为创新往往伴随着未知与挑战。然而，值得注意的是，在特定情境下，若固守陈规，不愿冒险，反而可能使个体或组织陷入更为危险的境地。

因此，培养冒险精神，敢于突破既有框架，是通往成功与创新的关键。只有这样，我们才能不断拓展视野，发现新的机遇，为人生与事业开辟更加广阔的道路。

（二）权威型思维

权威型思维的形成，主要源自两大路径：一是"教育权威"，即在个人成长过程中通过教育体系逐步塑造；二是"专业权威"，基于专业知识的深度积累而树立的专业影响力。权威型思维的强化对于塑造领导力与管理能力确有益处，但随之也可能带来"泛化现象"，即将某一专业领域的权威地位不恰当地延伸至社会生活的广泛领域。

在尊重权威的同时，我们需保持审慎态度，避免盲目遵从。权威意见虽具参考价值，却非绝对真理，尤其是在需要创新与突破之时，过分依赖权威往往成为进步的桎梏。尤其对于年轻一代而言，应认识到权威的有效性受限于特定时空条件，勇于质疑、挑战旧有观念，以自身实践探索新知，验证真理。历史无数次证明，创新往往始于对权威的反思与超越。

因此，对待权威应持批判性学习的态度，汲取其精华，以其理论为基础，但更重要的是勇于探索未知，敢于突破既有框架。若仅满足于模仿而不求超越，个人成长将止于追随，无法实现真正的突破与飞跃。只有在尊重与学习中寻找平衡，方能不断前行，在权威的光芒下开辟属于自己的新天地。

（三）从众型思维

从众型思维，即个体行为倾向于与大众保持一致，缺乏独立思考与独特见解的现象。在快节奏的现代社会中，从众心理愈发普遍，人们往往将大众观点视为主流，盲目追随，导致在决策时缺乏深入分析与自我判断。从众型思维根植于人类的群居本能，为求生存与融入群体，"少数服从多数"的规则内化为心理习惯。诚然，从众心理能在一定程度上给予个体归属感与安全感，但过度依赖则会导致独立思考能力的退化，使人在面对选择时缺乏深思熟虑，易于随波逐流。

要打破从众型思维定式，关键在于培养个人的独立判断力。这要求我们在关键时刻保持头脑清醒，勇于质疑主流观点，依据自身理解与实际情况做出判断。通过不断的自我反思与知识积累，增强个人洞察力，从而在面对复杂情况时能够独立自主，做出更为明智的选择。

（四）书本型思维

书本型思维，指的是过度依赖书本知识作为行动指南，忽视了实践与创新的重要性。书籍作为知识传承的重要载体，确实为我们提供了丰富的理论依据与经验总结。然而，若一味拘泥于书本，便容易陷入教条主义与本本主义的误区，限制了个人的创造性思维与实践能力。

知识是相对稳定且严谨的，但它同样具有相对性和局限性。随着时代的发展与条件的变化，书本知识也可能面临过时或不适用的风险。因此，在学习与运用书本知识的同时，我们必须保持批判性思维，敢于质疑与探索未知领域。通过创新思维训练与实践经验的积累，灵活运用所学知识，使其与个人智慧共同成长。

总之，面对书本型思维的局限，我们应树立开放的学习态度，既尊重书本知识的价值，又勇于超越其框架限制。通过不断的实践与创新，实现知识与智慧的双重飞跃。

（五）模仿型思维

模仿型思维是指通过模仿，将他人的想法变成自己的思维观念。不同的成长阶段，模仿型思维具有不同的意义。在幼童时期，认识世界的第一步就是模仿。但是对于一个国家、一个企业、一个成年人来说，仅仅具有模仿型思维，是远远不够的。

三、突破思维定式的方法

人类的思维模式往往趋于固化,倾向于沿袭既往的观念框架去审视与解析问题,进而依赖这种或许已显陈旧、不再契合时代的思维方式所得出的结论,来指引我们的行动路径。然而,现实世界瞬息万变,尤其是在这个日新月异的时代,每一瞬间都见证着周遭环境的微妙或显著变迁。遗憾的是,我们有时未能与时俱进,让思维的惯性继续主导生活,这种保守与停滞不仅限制了我们的视野,更可能让我们的生活陷入僵化与沉闷之中。因此,面对世界的不断变化,我们应当勇于打破思维定势,以开放的心态拥抱新知,让思维与时代的脉搏同频共振,从而为生活注入更多的活力与创新。要想突破思维定式,必须做到:

(一)坚守个性,避免随波逐流

在潮流频现的当下,保持个人独特风格显得尤为关键。盲目追逐潮流,易导致个性的淡化与丧失。对于设计领域而言,个性不仅是创意的基础,更是脱颖而出的关键要素。因此,坚守个人设计理念与风格,勇于展现独特视角与创意,是创意设计不可或缺的先决条件。

(二)精准聚焦,解决核心问题

创造性思维要求在面对复杂问题时,能够迅速识别出关键要素,从而集中精力解决主要问题。创意思维的训练过程中,需有效结合发散性与集中性思维的优势,通过"集中—发散—再集中—再发散"的循环思考模式,不断深化对问题的理解,并探索出创新的解决方案。以设计实践为例,通过跨领域融合与功能创新,即使是最普通的材料也能焕发出非凡的创意光芒。

(三)广泛学习,紧跟知识更新步伐

知识的积累是激发创意思维的重要基础。随着科学技术的飞速发展,知识更新速度日益加快。因此,构建一个系统化、持续更新的个人知识储备体系显得尤为重要。同时,保持对信息的敏锐洞察并及时获取,确保能够紧跟时代步伐,把握行业前沿动态,为创意设计提供源源不断的灵感与素材。

(四)勤于探索,寻求多元解法

创意思维的核心在于其开放性与探索性。面对设计挑战时,应积极寻求多种解决方

案，勇于突破传统框架的限制，通过不断的思考与尝试，拓展思维边界。举一反三的能力是创意设计者必备的素质之一，它能够帮助我们在已有经验的基础上，创造出更多新颖且实用的设计思路与方案。

（五）灵活应变，构建创意生态

创意的产生不仅依赖个体的内在潜能与努力，还受到外部环境与氛围的深刻影响。因此，构建一个鼓励创新、支持尝试的创意生态对于激发创意思维至关重要。在全球文化创意产业蓬勃发展的背景下，我们应积极把握时代机遇，结合本土文化与全球视野的优势资源，共同推动文化创意产业的繁荣发展。同时，在设计实践中应充分考虑市场需求、消费者心理等外部环境因素的作用与影响，以实现产品设计与市场需求的完美契合。

四、拓展创意思维的视角

独创性在于打破常规与追求与众不同，这要求思维既具批判性又富求异性。富有独创力的人往往以独特视角审视问题，提出超越常规的新颖见解。要克服习惯性思维的局限，关键在于拓展思维视角，学会从多元角度审视同一问题，从而发现更多可能性与解决方案。

在设计过程中，我们可以从多维度、多视角出发，深入剖析问题，激发创新灵感。以下是六个值得关注的思考角度。

（一）正面肯定视角

面对设计对象或观念时，首先采取肯定态度，视为积极、正面的元素。在教育领域，这种正面鼓励尤为关键，能够激发潜能，促进个人成长。正如《小王子》的故事所启示，正面的支持与肯定能够引导个体发现自我价值，实现梦想。

（二）反向否定视角

与正面肯定相反，反向否定视角强调从事物的对立面进行思考，探索其潜在的问题、缺陷或不足。这种视角有助于我们批判性地审视现状，发现改进空间。例如，通过否定传统书架的"空置状态"，设计师创造了反向填充机制，既实用又美观。

（三）文化传承视角

每个社会、国家都有其独特的文化背景和历史传承。在设计时融入本土文化元素，不仅能够赋予作品深厚的文化内涵，还能展现独特的民族特色，提升设计的吸引力和辨识度。

（四）共性关联视角

尽管世间万物各有千秋，但总能在某些方面找到共通之处。设计师应善于捕捉这些共同点，将不同领域、不同元素巧妙融合，创造出新颖独特的设计作品。这种跨界的思维方式能够激发新的创意灵感。

（五）差异对比视角

每种事物都有其独特性，通过对比不同元素之间的差异，可以发现新的设计空间和创新点。在激烈的市场竞争中，突出产品的独特性和差异化是吸引消费者的关键。设计师应善于运用不同材质、工艺等因素，创造出令人耳目一新的设计作品。

（六）个性表达视角

设计师在创作过程中往往融入个人情感、理念和审美偏好，形成独特的个人风格。这种个性化的表达方式不仅能够展现设计师的独特视角和创造力，还能引起观众的情感共鸣。艺术家作为个性表达的典范，他们的作品往往因独特而备受瞩目。因此，设计师在设计时应勇于展现自我，追求个性与创新的完美结合。

五、创意产品特征的体现

（一）造型创新设计

在产品设计中，造型创新是展现产品独特魅力与差异化竞争优势的关键要素。在保持产品基本结构与性能不变的前提下，通过仿生设计、流线型美学、模块化组合、人机工程学优化及富有深意的造型语言等创新手段，赋予产品新颖独特的外观形态，以增强其视觉吸引力和市场辨识度。

（二）功能多元化探索

产品功能的多元化与差异化是现代设计的重要趋势。这包括优化物理功能，如提升产品性能、构造精度与可靠性；强化生理功能，确保产品使用的安全性与便捷性；注重心理功能，通过造型、质感与装饰元素的巧妙运用，为用户带来愉悦的使用体验；同时，挖掘产品的社会功能，展现用户的个人品位与社会价值。功能创新的路径包括功能增减、功能整合、功能革新及特异功能开发，旨在全方位提升产品的使用价值与用户体验。

（三）色彩美学应用

色彩作为视觉设计的重要组成部分，对产品的整体美感与情感传达具有深远影响。在相同造型基础上，通过精心设计的色彩方案，可以丰富产品的视觉层次，增强视觉冲击力，并引发用户的情感共鸣。色彩创新旨在通过色彩搭配与运用，赋予产品独特的视觉风格与情感价值。

（四）材料科技创新

材料的选择与应用直接关系到产品的质感、性能与环保性。在材料创新方面，通过研发与应用新型环保材料，不仅体现了对生态环境的尊重与保护，也推动了产品设计的绿色化与可持续发展。同时，新材料的应用也为产品设计提供了更多的可能性与创意空间，促进了设计领域的不断进步与发展。

（五）新概念引领创新

新概念作为新产品进入市场的重要驱动力，反映了社会经济与科技发展的最新成果与未来趋势。通过提出并实践新概念，可以引领市场潮流，推动产品设计的不断创新与发展。新概念不仅是对传统设计理念的挑战与突破，更是对未来生活方式与消费趋势的前瞻性探索与实践。

第二节　产品开发设计的创意思维实践

一、产品开发设计过程的抽象和具体

从本质上说，产品的设计过程实际上是一个抽象和具体的过程。抽象是指将大自然和生活中的美好事物以一种概念化的形式提取出来，而具体则是指将这些抽象概念具体化的过程。

（一）产品开发设计应该是一个抽象的过程

产品开发设计的核心在于化繁为简，这一过程深刻体现了设计的抽象艺术。优秀的产品开发设计师需兼具广博的历史文化知识底蕴与高超的抽象思维能力，方能精准提炼素材精髓，并巧妙融入产品设计之中。设计师在创作时，往往以特定文化元素或知识片段作为产品核心，这要求设计师不应局限于对该部分的浅层次理解，而应以其深厚的历史文化知识为基础，结合个人对生活本质的深刻洞察与理性思考，构建出独具创意的产品形态。产品的创新性评价，不应拘泥于地域归属，而应侧重于对文化理解的深度与广度，以及产品所蕴含的文化内涵的丰富性与独特性。这一过程，是设计师跨越地域界限，追求文化共鸣与创意表达高度融合的艺术实践。

（二）产品开发设计也是一个具体的过程

产品创意的生成是一个兼具抽象与具体化双重属性的复杂过程。在抽象阶段，设计师需从广泛的信息资源中提炼核心要素，这些要素如同产品设计的骨架，支撑着产品的核心理念与结构框架,为产品的独特性与差异化奠定基础。而具体化阶段,则是将这些抽象概念转化为具体的设计元素与细节,通过精细的设计与构造,使产品逐渐丰富、立体,实现设计理念与实体形态的完美契合。这一过程不仅体现了从普遍到特殊的归纳逻辑,也蕴含了从一般原理推导出个别结论的演绎思维。因此,产品开发设计是一个深度融合抽象与具体、归纳与演绎的综合过程,两者相辅相成,共同推动着产品从创意构想走向实际成型。

二、创意思维的具体过程

(一)提出问题(发现并界定实际问题)

人的创造力源于对人类大脑潜能的深度挖掘与激发。通过持续而有效的脑力活动,我们能够逐步唤醒潜藏于神经细胞深处的智慧力量,使其得以展现并作用于现实问题的解决。在此理念指引下,我们应致力于将创新融入日常生活的每一个角落,使之成为个体行为的自然延伸与常态表现。这一过程,要求我们对传统的思维模式进行深刻反思与重构,通过系统性的思维训练,培养一种开放、灵活且富有创造力的思维方式。如此,我们不仅能够突破既有认知的局限,更能在不断变化的环境中持续探索未知,引领时代的进步与发展。

创新思维习惯是需要训练的。首先就是训练注意、观察、思索的能力。

1. 注意、观察、思索

(1)注意。"注意"是对外在现象或内心思索对象的专注意识,是创意思维的第一步。其特征为:

①对特定事物的关注能力。

②对特定事物以外的"不受干扰能力"。

(2)观察。"观察"是对外在现象认识、记忆的过程。其特征为:

①从事物的不同角度进行观察。

②注意事物的整体与局部及不同的观点与立场。

(3)思索。"思索"是对意识到的事物的再认识、回忆、组织的过程。其特征为:

①思索不仅包括记忆力、想象力,还包括直觉等潜意识。

②思索受生理状况、外在环境、内在情绪的影响。

同样,设计师也应该有比常人更敏锐的眼光。对他们而言,对生活的观察力度决定进步的程度。

2. 问题意识

一般设计公司的设计程序是这样的:

(1) 接受设计任务,明确设计内容。

(2) 制订设计计划。

(3) 设计调查,信息收集。

(4) 认识问题,明确设计目标。

(5) 展开设计。

(6) 设计草图。

(7) 方案评估,确定范围。

(8) 完成效果图。

(9) 绘制外形设计图,制作三维草模。

(10) 人机工程学的研究。

(11) 优化方案,讨论实现技术的可能性。

(12) 确定色彩方案。

(13) 方案再评估,确定设计方案。

(14) 设计制图,模型制作。

(15) 编制报告,设计展示版面。

(16) 原型测试,全面评价。

(17) 计算机辅助设计与制造(成品)。

(二)解决问题(通过头脑获得思维产品)

在发现问题、提出问题之后,就要开始解决问题了。共享单车作为近年来迅速崛起的城市出行方式,其设计不仅体现了环保理念,还极大地便利了市民的短途出行,具有极高的实效性。

共享单车的设计紧扣"便捷、环保、高效"的核心原则。车身轻便,易于骑行;采用 GPS 定位与智能锁技术,用户通过手机 APP 即可轻松解锁使用,极大简化了租借流程;同时,车辆的分布广泛且灵活,覆盖了城市的主要街道和社区,使用户几乎可以在任何需要的地方找到可用车辆。

从实效性角度看,共享单车解决了"最后一公里"的出行难题,让市民无需再为短途出行而烦恼,有效减少了私家车的使用,缓解了城市交通拥堵问题。此外,共享单车的普及还促进了绿色出行理念的传播,对于改善城市空气质量、提升居民健康水平具有积极意义。

在设计上,共享单车也充分考虑了耐用性和维护成本。车身采用高强度材料制造,能够承受日常使用的磨损;同时,车辆的设计便于集中存放和维护,降低了运营成本。这些措施确保了共享单车能够长期稳定地服务于市民,真正实现了实效性与可持续性的统一。

三、以思维为主的创造法

(一)各种思维创造法

1. 模仿创造法

大自然以其无尽的多样性和复杂性,为人类的创造力提供了无尽的灵感源泉。这种方法的核心在于,通过模拟、类比自然界的事物、过程及现象,从而开发出新的技术、产品或设计理念。

(1)模仿的层次与深度。模仿并非简单的复制粘贴,而是一种有意识的提取与再创造过程。它可以从多个层面展开:从表面的形态模仿到深层的机制模仿,乃至抽象原理的借鉴。例如,飞机的设计灵感源自鸟类飞翔的生物学原理,虽然外观上与鸟类大相径庭,但核心的空气动力学原理是一脉相承的。

(2)模仿的意义与价值。模仿创造法不仅加速了人类技术进步的步伐,还促进了跨学科的融合与发展。它教会我们如何从自然界中汲取智慧,将自然的法则与人类的创造力相结合,创造出既符合自然规律又能满足人类需求的新事物。此外,模仿还有助于降低创新的风险与成本,因为自然界的成功案例已经为我们提供了许多可借鉴的经验与教训。

2. 趣味设计法

趣味设计法利用心理上的趣味性与新奇感,引导设计师突破常规思维框架,创造出令人耳目一新的作品。

(1)趣味的心理学基础。趣味是一种深层次的情感体验,它能够触发人们的探索欲与好奇心。在趣味设计中,设计师通过打破常规的视觉模式、结合看似不相干的元素,营造出一种超乎预期的效果,从而引发观者的情感共鸣与心理反应。这种反应不限于简单的愉悦感,更可能激发人们对产品、对品牌乃至对整个世界的深入思考与探索。

（2）趣味设计的实践策略。要实施趣味设计法，设计师需要具备敏锐的观察力与丰富的想象力。他们需要学会从日常生活中挖掘那些看似平凡却富有潜力的元素，通过巧妙的构思与组合，赋予它们新的生命与意义。同时，设计师还需要关注消费者的心理需求与审美趋势，确保设计作品既能够引发人们的兴趣与关注，又能够满足其实用性与审美的双重需求。

（3）趣味设计的商业价值。在商业领域，趣味设计法更是提升产品竞争力与品牌价值的重要手段。一个富有趣味性的产品不仅能够吸引消费者的眼球、激发其购买欲望，还能够在市场中形成独特的品牌形象与口碑效应。因此，越来越多的企业开始重视趣味设计的应用与研发，希望通过这种方式在激烈的市场竞争中脱颖而出，赢得消费者的青睐。

3. 功能分析法

功能分析法是一种从产品的核心功能需求出发，激发创新思维以创造新产品或优化设计的策略。其核心在于深入理解用户需求，特别是那些基本且迫切的功能性需求。通过精准把握这些需求，设计者能够直击痛点，开发出既实用又富有创新性的产品。例如，在沙滩游玩的场景中，传统泳装和沙滩裤无法妥善存放个人小物件的问题，催生了带有储物功能的沙滩鞋设计，这一创新不仅解决了用户的实际需求，还提升了产品的市场竞争力。

4. 坐标分析法

坐标分析法是一种强大的多向思维工具，它通过构建直角坐标系，将两个不同领域或概念的元素置于 X 轴和 Y 轴上，进而探索它们之间的潜在联系与融合可能。这种方法鼓励设计师跨越传统界限，进行大胆的跨界联想，从而激发新的创意火花。以钢笔为例，通过坐标分析法，设计者可以将钢笔与多种元素（如历史、圆珠笔、温度计等）进行关联，产生出诸如历史主题钢笔、自动供墨钢笔及带温度显示的钢笔等新颖构想。这种思考方式极大地拓宽了产品设计的视野，促进了创新产品的诞生。

5. 移植法

移植法是一种跨领域应用的创新策略，它倡导将某一领域内成熟的技术、原理或发明巧妙地引入另一个看似不相关的领域中，以此实现技术革新和产品升级。随着科技的飞速发展和不同领域的深度融合，移植法已成为推动社会进步和产业升级的重要力量。例如，将电视技术和光学技术引入医疗领域，催生了纤维胃镜等医疗设备的诞生，这些创新不仅极大地减轻了患者的痛苦，还显著提升了医疗诊断的准确性和效率。移植法的成功应用，不仅展现了人类智慧的无限可能，也为未来科技的发展指明了方向。

6. 强制性创新思考法

（1）强制列举思考法。在创新思维的探索中，强制列举法如同一把钥匙，能够开拓思维的广阔空间，促使信息量的激增与价值的深化。该方法的核心在于详尽无遗地罗列出关于某一事物、观念或现象的各个方面，通过细致拆分与系统枚举，引导思考者深入未知领域，催生众多独创性构想。

（2）强制联想思考法。强制联想法是一种激发创新思维的有效手段，其核心在于运用联想机制，强制性地将两种或多种表面上看似毫无关联的信息元素联结起来，促使这些元素在思维的碰撞中产生新的意义与灵感。这一过程挑战了传统思维模式的局限，摆脱了既有知识经验的束缚，鼓励个体跳出常规框架，跨越认知边界。通过设定强制性的联想步骤，该方法不仅促使思考者跨越熟悉的领域，进入未知的思维疆域探索，更激发了潜藏于表象之下的创新潜能。在此过程中，原本孤立的信息点被重新组合，创造出超越原有认知范畴的新观念与解决方案，实现了信息的价值倍增，为创新实践开辟了无限可能。

强制联想法，依据其结构特点可分为并列式与主次式两大类。并列式强制联想策略，侧重于从广泛的产品样本、目录或专利文献中随机抽取两个本无直接关联的产品概念或创意构想，通过强制性的思维联结，激发新的灵感火花。这一方法尤其适用于创意密集型领域，如文案创作、广告设计与产品开发等，能够有效拓宽思维边界，挖掘潜在创新点。然而，值得注意的是，由于并列式联想的随机性与非逻辑性，其成果中可能混杂某些看似荒诞不经的"奇异构想"。因此，实践者需具备敏锐的洞察力与批判性思维，对生成的设想进行深入剖析与筛选，必要时还需灵活调整联想路径，通过反复迭代与重构，提炼出真正具有价值的创新方案。

主次式强制联想法，旨在通过明确的主成分（待解决问题或改进对象）与自由选定的次成分（随机刺激物）之间的强制性关联，激发创新思维。以牙刷的改进为例，将牙刷设定为主成分，随后随意挑选如杠铃、剃须刀等作为次成分。通过将牙刷与杠铃强行联结，可联想到杠铃的可拆卸负重特性，进而设想牙刷刷头亦可设计为可替换式，提供多样化的选择如硬刷头、软刷头等，以满足不同用户的需求。此外，杠铃与健身、竞赛的关联还启发了开发具有保健功能的牙刷及通过竞赛活动促进牙刷市场推广的创意。同样地，以剃须刀为次成分，则可能触发对电动牙刷便捷性、旅行便携性等特性的思考。这一方法通过打破常规思维界限，将不同领域的元素巧妙融合，为产品改进与创新设计开辟了新思路。

（二）思维创造法在产品开发设计中的具体实施

1. 基于观察

观察是设计思维的起始环节，其核心在于敏锐捕捉生活中的细微之处，进而提炼出值得深思的问题，为后续的思维活动明确导向。这一过程超越了单纯的信息收集与问题识别范畴，它要求观察者运用科学的方法与深厚的知识储备，透过现象洞察本质，实现由"视"至"悟"的跨越。观察不仅是视觉官能的运用，更是心智活动的全面投入，它强调以深刻洞察取代浅尝辄止的浏览，以用心体悟取代表面的观看。正如精准定位是射击成功的关键，深入观察亦是设计思维得以高效展开的前提。因此，提升观察能力，融合科学方法与深厚经验，是每位设计思考者通往创新之路的必经之路。下面是总结的观察四要素：

第一，具有明确的目的。观察活动应始于清晰的目标设定，旨在透过纷繁复杂的现象直抵本质，精准提炼与设计直接相关的信息，确保观察过程有的放矢。

第二，确定所要观察的对象。明确观察对象，充分运用感官功能，从不同视角深入体验事物所传达的视觉语言，为后续思考提供丰富而具体的反馈素材。

第三，选取具有相似目的或特征的多个事物进行对比分析，此举旨在拓宽观察视野，通过差异性与共通性的探讨，丰富观察层次，促进更全面、深入的理解。

第四，遵循从整体到局部，再由局部回归整体的观察逻辑，确保观察过程既全面覆盖又不失细节精度。这种递进式的观察方法有助于在宏观把握与微观洞察之间建立紧密联系，确保观察结果与既定目的高度一致。

2. 重在分析

分析作为一种系统而深入的探究方法，其目的在于多维度地剖析物体的本质及其与外界环境的互动关系。这一过程超越了简单的拆解与归类，而是深入探究物体之所以存在并持续发展的根本原因，即物体存在的目的及其如何适应并受外界因素（如人的需求、社会环境变迁、时间推移及特定条件等）的影响。在分析时，我们强调对物体外部环境的全面审视，将这些外部因素纳入考察范畴，以构建一个更为完整和立体的分析框架。

具体实践中，分析工作涉及三个主要方面：首先，需明确物体存在所依赖的外部限制条件，理解这些条件如何塑造并约束了物体的形态与功能；其次，探讨物体内部特性与外部因素之间的逻辑联系，揭示物体如何在其环境中寻找生存与发展的空间；最后，通过对比相似物体在内外因素作用下的表现，提炼出它们的共性特征，并深入剖析这些物体如何在共性基础上展现出独特的个性。这一过程不仅丰富了观察的视角，也深化了对物体及其存在规律的认识,为后续的思维活动如归纳与联想提供了坚实的支撑。

3. 精于归纳

(1)问题解析与设计定位。通过对事物的深入分析,我们能够洞悉问题的本质特征,把握解决问题的核心要素。这一过程为后续归纳明确设计定位提供了坚实的基础。设计定位的确立,基于实事求是的原则,旨在精准对接问题实质,从而制订出切实有效的解决方案。简而言之,分析是解决问题的起点,归纳则是导向精准设计定位的关键步骤。

(2)问题分类与关系重构。面对纷繁复杂的问题集合,通过科学的分类方法,我们可以揭示问题之间的内在联系,提炼出共性特征。在此基础上,归纳作为一种高效的思维模式,帮助我们重新整合问题元素,构建更加清晰、有条理的问题框架。这一过程不仅简化了问题处理的复杂性,也为后续的策略制订提供了有力支持。

(3)归纳的要素与功能深化。

①子目标设定:基于问题的最终目标与外界限制条件,通过归纳分析目的与外因之间的相互作用,精准提炼出若干子目标。这些子目标作为实现总目标的阶梯,为后续行动提供了明确的方向和指引。

②目标系统构建:深入理解总目标与子目标之间的逻辑关联与结构层次,构建出一个完整、有序的目标系统。该系统不仅体现了目标之间的内在联系,还为设计过程提供了系统性的指导框架。

③设计定位与创意评价:设计定位作为产品开发的灵魂,直接决定了产品的市场定位和创新方向。同时,目标系统也扮演着双重角色:一方面作为产品设计的指南针,确保开发过程不偏离既定轨道;另一方面作为创意评价的标准尺,用于衡量产品的创新性和市场潜力,确保设计成果既符合市场需求,又具备独特竞争力。

4. 善于联想

联想并非无的放矢的幻想,而是基于对外部世界深刻理解基础上的无限想象与拓展。在这一过程中,人们能够洞察不同事物间潜在的相似性或共通性,从而发现自然界的奥秘,体验"风马牛不相及"背后的深层联系与启示。

联想的核心要素可概括为以下几点:

①目标导向的搜寻:基于明确的设计目标或需求,主动搜寻那些具有相似目的或功能指向的"其他物"。这一过程体现了联想活动的方向性与针对性,确保联想内容与设计初衷紧密相关。

②特征解析与比较:对搜集到的"其他物"进行深入剖析,重点考察其原理、材料选用、工艺流程、结构设计以及外观形态等方面的特征。通过对比分析,揭示这些物体

之间的共性与差异，为后续的设计创新奠定基础。

③变通设计与创新扩散：以设计定位为核心，结合评价体系的标准，对"其他物"的特征进行创造性转化与应用。这一过程涉及对现有元素的重新组合、优化乃至颠覆性创新，旨在实现产品的差异化与增值。同时，通过系列化的设计扩散策略，将创新成果推广至更广泛的产品线或应用领域，提升整体设计效能与市场竞争力。

5. 意在创造

在产品开发设计的全链条中，观察、分析、归纳与联想均紧密围绕创新这一核心目标展开。观察与分析旨在深入剖析实现目标所面临的外在限制与挑战，为设计路径的规划奠定基础；而归纳与联想则进一步明确了设计定位，构建了指导产品开发的目标系统。设计定位作为关键环节，不仅指引着产品元素的甄选、组织与融合，还深刻影响着产品的内在构造，如核心技术、选材、结构及生产工艺等。

创造不仅是对前人智慧的汲取与融合，更是基于个人知识体系与实践经验的突破性进展。创造活动的精髓在于以下三点：

①创意评价与优化：在目标系统的框架内，对初步形成的创意进行持续评估，确保其既符合市场需求又具备创新价值。这一步骤是筛选优质创意、剔除不合理方案的关键环节。

②创意方案的迭代升级：基于评价体系的反馈，对联想阶段产出的创意方案进行反复打磨与调整。通过优化"创造内因"，即创意本身的核心要素，不断完善目标系统，确保创意方案的可行性与竞争力。

③内外因素协调与整合：在创造过程中，需高度重视不同层次内外因素间的和谐共生。这包括整体与细节之间的平衡、各细节之间的相互支撑，以及细节如何服务于整体设计的大局观。通过精心协调这些关系，确保产品既具有高度的统一性，又能在细节处展现独特魅力，从而达到内外兼修的设计境界。

6. 勤于评价

通过对"物"的深入观察、细致分析、系统归纳与自由联想，我们能够构建对"物"的客观评价体系，深刻理解其外部因素如何塑造并限制其存在与发展。自然界中"物竞天择，适者生存"的规律，同样适用于人为创造之物。产品欲赢得市场青睐，必须精准对接特定人群需求，兼顾可制造性与流通性，同时维护生态平衡，促进社会的可持续发展。这一过程促使我们升华对"物"的认知，实现"本体论"与"认识论"的和谐统一，深化对物与自然、社会关系的理解。

创新能力的培育，远不止于灵感的闪现或直觉的洞察，它植根于深入的观察、严谨的分析与透彻的理解之中,并延伸至创意形成后的细致规划与执行层面。想象力固然是创造性思维的宝贵财富,但其基础在于对事物本质的深刻把握与系统关系的精准洞察。在教育领域,教师应重视培养学生的观察力,激发其探索欲与创造力,引导他们在观察中发挥想象,在想象中勇于创新。此外,一个融合了"方法论"与"本体论"的事理评价体系,不仅为观察、分析、归纳提供了逻辑框架,也为联想与创造设定了科学标准,两者相辅相成,共同构成了探索事物本质、促进科学思维的坚实基础。在这一框架下,创造性思维作为一种高级思维活动,为"事理学"的研究与实践开辟了新的路径。

第三节　产品开发设计思维的方法与训练

灵感，在传统的观点看来，可遇而不可求。但是对于设计师来说，创意是每天的工作，是强制性的劳作，是好作品的生命线，因此对思维的训练必不可少。

一、当今主流的创意思维方法

（一）黑箱法

黑箱法是一种独特的科学研究途径，其核心在于不直接揭示研究对象（系统）的内部结构与运作机制，而是在于其外部表现与交互行为。该方法摒弃了对客体内部结构的深入剖析，转而通过观测与分析系统的输入与输出关系，即探究何种外部因子触发系统响应并产生何种结果，来间接认知与评价系统的功能与特性。这种研究方法与传统科学范式形成鲜明对比，后者往往倾向于将整体拆解为部分，通过解析内部构造来解释外部行为。黑箱法则保留了客体的完整性，避免了解剖过程可能带来的干扰或破坏，从而提供了一种在不破坏系统整体性的前提下，深入研究其宏观行为模式与功能特性的科学方法。

（二）白箱法

白箱法是与黑箱法相对应的设计方法，强调直接透视并解析系统内部结构，以全面揭示并阐述其特性与功能。在白箱法框架下，设计活动被赋予了高度的透明性与逻辑性。首先，设计之初即需明确设计目标、变量及价值评判标准，为后续步骤奠定坚实基础。

其次，分析阶段先于综合阶段完成，确保每一步设计决策均基于深入的数据分析与理解之上。评价环节则运用严谨的逻辑语言，确保评价结果的客观性与准确性。此外，设计之初即应确立整体战略导向，引导设计过程自动化、有序化进行。将设计对象喻为箱体，白箱法便是直接揭开其神秘面纱，通过深入内部探究，精准把握设计本质。当箱体内在机理清晰可见时，设计问题的解决便转化为对系统内部结构的精准操控与优化，从而实现从黑箱到白箱的跨越，推动设计思维与实践的深度融合。

（三）策略控制法

策略控制法是在确保设计目的性的前提下，依据一定的控制条件，使设计系统达到或趋近被选择状态。它包括利用控制法原理对反馈信息的研究和动态分析技术的应用等内容。在设计方法中，有发散法、变换法、收敛法三种控制方法，以实现对设计的评价。

1. 发散法

发散法是一种以发散思维为核心的设计策略，它鼓励设计师从不同维度、不同视角全面探索设计议题。通过深入挖掘设计对象的用途、结构、功能、形态及其相互关系，结合广泛的文献研究、实地调研、专家访谈及团队头脑风暴等手段，该方法旨在突破传统思维框架，激发无限创意，生成多元化的设计构想。

2. 变换法

变换法强调设计师的主观创造力在设计过程中的核心作用。它涉及提出创新性的初步设计方案，规划问题解决方案，并绘制设计原理图及草图等关键步骤。变换法不仅考验设计师的想象力，还要求其具备将创意转化为具体实施方案的能力。

3. 收敛法

收敛法与发散法的"从一到多"相对，收敛法是一种"从多到一"的思维方式，它整合现有知识与经验，针对特定问题集中思考。通过类似于凸透镜聚光的效果，收敛法能够汇聚多方资源，精炼出最优解决方案。在必要时，收敛法也会借鉴发散思维的成果，通过综合评估多种方案，选出最佳选项并融合其他方案的优点，实现设计的最优化。

设计方法的多样性旨在解决设计师个人思考、主观创造力与客观情报分析、逻辑性判断之间的融合问题。这些方法不仅促进了主观灵感与逻辑思考的有机结合，还为创造性设计方案的诞生提供了坚实基础。除上述三种主要流派外，设计领域还涵盖了参与设计法、技术预测法、优化设计法、模拟设计法、可靠性设计法、动态设计法等多种方法，它们共同构成了丰富多元的设计方法论体系。在实际设计活动中，设计师往往交叉运用这些方法。随着设计实践的深入，还将不断涌现出更多创新的设计方法，以应对日益复杂的设计挑战。

（四）功能模拟法

1. 功能模拟法的核心理念

功能模拟法是控制论思想下的创新产物，其核心在于追求模型与原型在行为层面的高度相似。这一方法将系统在与外部环境互动中所展现的整体应答作为模拟的关键，强调了行为相似性的重要性。通过模拟对象行为的一致性，功能模拟法不仅为科学研究提供了新的视角，还促进了技术装置与人类智能活动之间的深度融合。

2. 功能模拟法的独特优势

与传统模拟方法相比，功能模拟法具有显著的优势。首先，它将模型本身视为研究的最终目的，而非仅仅是获取原型信息的工具，这种转变使研究能够更直接地关注系统的功能实现。其次，功能模拟法遵循由功能到结构的认识路径，优先关注整体行为与功能的把握，对于结构复杂或未知的系统尤为适用。这种逆向思维方式，有助于在缺乏结构知识的情况下，依然能够深入理解系统的运作机制。

3. 功能模拟法的广泛应用与影响

功能模拟法不仅在智能机械模拟领域取得了显著成果，如通过识别技术系统与生物系统在行为上的相似性，推动了智能机器的发展，还广泛渗透至仿生学、计算机科学、人工智能、心理学等多个学科领域。它为这些学科提供了新的研究方法论支持，促进了跨学科的融合与创新。通过功能模拟法，研究者能够更深入地探索复杂系统的内在规律，为科技进步和社会发展提供有力支撑。

（五）借用专利法

借用专利法巧妙利用现有专利的构思与设计理念，促进新产品或服务的开发。专利文献作为技术创新的历史积淀，蕴含了丰富的创意与解决方案，是激发创造性思维的宝贵资源。有效利用这些专利文献，对于推动创新设计、加速技术进步具有重要意义。

具体而言，借用专利的思维方法可归纳为以下四个方面：

1. 专利调研激发创意

通过全面调查相关领域的专利信息，分析专利的技术特点、创新点及市场应用情况，以此为基础进行创造性思维训练。这一过程不仅有助于识别技术前沿与市场需求，还能激发新的设计灵感。

2. 专利综合与跨界融合

将不同专利的内容与思维方法进行综合对比与分析，寻找其中的共性与差异，进而通过跨界融合的方式，创造出全新的设计方案。这种方法鼓励设计者跳出单一领域的局限，实现知识的重组与创新。

3. 填补专利空白

通过深入分析现有专利布局，识别尚未被充分覆盖的技术领域或市场需求，即专利空隙。针对这些空隙进行创造性思考，设计新颖的解决方案，以填补市场空白，实现差异化竞争。

4. 专利知识转化应用

充分利用专利文献中的技术细节与知识要点，结合实际情况进行创造性转化与应用。这要求设计者不仅具备扎实的专业知识，还需具备敏锐的市场洞察力，能够将专利知识有效转化为实际可行的产品或服务方案。

（六）发散思维

1. 发散思维的含义

发散思维也称辐射思维、放射思维或多向思维，是一种高度灵活与开放的思考模式，其核心在于从单一目标出发，跨越传统界限，沿多元路径探索，旨在寻求多样化的解决方案。这一过程不仅体现了思维的跳跃性与非逻辑性，更是创造性思维的核心特质与创造力评估的重要指标。在创造活动中，发散思维促使个体围绕问题核心，依托既有信息，从多维度、多层次展开思考，通过不同视角的碰撞与融合，激发新颖见解与创意方案。其多向性、立体性及开放性特点，鼓励思维跳出常规框架，勇于尝试未知领域，从而不断拓宽认知边界。

作为发散思维的重要分支，求异思维尤为强调标新立异与突破常规，它驱动思考者综合运用跨学科知识，围绕问题中心向外发散，勇于探索未知，以非凡的洞察力和创新精神开辟解决问题的新路径。求异思维不仅追求思维内容的独特，更倡导思维方式的革新，要求认知主体具备独立思考、敢于冒险及勇于开拓的精神特质，以此在创意与创造实践中取得卓越成就。

2. 发散思维的表现形式

发散思维的主要表现形式分为以下两种情形：

（1）全面多元发散。在解决设计问题时，采用全面多元发散的方法意味着围绕核心议题，广泛而深入地探索各种可能的设计构想。这一策略旨在通过激发丰富的创意灵感，构建多元化的设计方案库，从而为选择最优解提供广阔的空间。通过多角度、多层次的分析与构思，确保设计问题能够得到全面而细致的考量，进而提升解决方案的创新性与实用性。

（2）灵活换元发散。换元发散作为一种高效的设计思维工具，强调在设计过程中灵活调整影响设计成果的关键因素。通过对这些因素的逐一审视与变换，能够启发新的设计思路与构想，有效避免思维僵化与模式化倾向。此方法特别适用于设计构想的初期阶段，通过不断尝试与调整，逐步逼近理想的设计方案。换元发散不仅促进了设计思维的活跃性，还增强了设计师应对复杂问题的能力，为创新设计的实现奠定了坚实基础。

3. 发散思维的特征

发散思维有流畅性、变通性、独创性、多感官性四个特征。

（1）流畅性。流畅性特性衡量的是发散思维的广度与速度，即个体在面对刺激时，能够迅速且连续地产生大量想法或解决方案的能力。流畅性高的个体在短时间内能够生成更多数量的创意，反映出其思维活动的敏捷与连贯。

（2）变通性。变通性体现的是发散思维的灵活性与适应性，指个体在思考过程中能够跨越传统框架，从不同角度、不同层面探索问题解决方案的能力。这种能力使个体在面对复杂情境时，能够迅速调整策略，展现出高度的随机应变与创新能力。

（3）独创性。独创性是发散思维的核心价值所在，它强调个体在思维过程中能够产生新颖、独特且富有创造性的想法。独创性不仅要求想法具有新颖性，更强调其对传统观念的挑战与超越，是衡量个体创造力水平的重要标志。

（4）多感官性。多感官性在发散思维中扮演着重要角色，它倡导利用视觉、听觉、触觉等多种感官渠道来接收与加工信息。这种综合性的信息处理方式能够极大地丰富个体的感知体验，激发情感共鸣，使信息更加生动、具体，从而加速并优化发散思维的过程，提升思维发散的速度与质量。

发散思维测验作为评估个体发散思维能力的重要手段，涵盖了思维测验与创造力测验两大方面。目前，托米斯创造思维测验、芝加哥大学创造力测验及南加利福尼亚大学发散思维测验等是广受认可的测验工具，它们不仅设计科学、操作便捷，而且具有较高的信效度，为评估与提升个体发散思维能力提供了有力支持。

（七）形象思维

形象思维作为一种独特的思维形态，独立于动作思维与逻辑思维之外，其核心在于以表象作为思维活动的载体。在形象思维的运作过程中，信息被分析、加工、综合、变换及概括组合时，通常以具体而生动的表象形式呈现。依据表象概括程度的不同，形象思维可划分为初级与高级两个阶段。初级阶段常见于幼儿时期，此时思维高度依赖具体事物的直观形象，表象概括力相对较弱；而高级阶段则体现为成人所具备的能力，能够运用高度概括的典型形象来表达复杂思想或理论。这一过程不仅促进了信息的有效传达，还有助于深刻洞察事物的本质特征。在文学艺术及创造性活动中，形象思维占据核心地位，其直观性与生动性为艺术创作提供了无尽的灵感源泉。值得注意的是，科学研究与创造活动同样离不开形象思维的参与，它作为认识世界与推动创新的另一种视角，与逻辑思维相辅相成，共同推动着人类认知与科技进步。

（八）技术关联分析预测法

技术关联分析预测法是投入产出理论在技术前瞻领域的应用实践，其核心在于通过识别并分析技术项目内部各要素间的相互关联，以预测其未来发展轨迹。首先，需明确待分析的技术项目，并详尽调查构成该技术的关键要素，如材料、制造工艺、创新技术等，这些要素共同构成了技术的综合体系。随后，深入剖析各要素之间的关联程度，了解它们如何相互作用、影响，形成技术系统的内在逻辑。最后，将要素间的关联度与当前技术状态进行对比分析，以此为基础预测技术未来的发展趋势，为未来的技术规划与决策提供科学、前瞻性的指导。这一过程不仅有助于揭示技术发展的内在规律，还能有效指导技术创新方向，推动技术领域的持续发展。

（九）科学幻想法

科学幻想是一种独特的认知方式，融合了未来学洞察与创造性想象的力量，开辟了一条探索现实世界的非传统路径。科学幻想通过逻辑与非线性思维的交织，挑战对主题的传统理解框架，将社会结构、行为模式与物质要素巧妙编织成一幅幅可能的世界图景，力求与我们对现实世界的多元感知相呼应。此过程不仅关联了多种趋势与进程，更以超越简化模型的复杂视角，提供对未来预测的独到见解。

（十）偶然联想链法

偶然联想链法是创造学领域的一种创新策略，其核心在于通过联想的新颖组合激发灵感，催生大量新颖的问题解决方案。该方法植根于联想（包括相似、接近、对比及关系联想）、隐喻（相似、对立及疑谜隐喻）及概念词汇的灵活运用，借助联想与隐喻的双重驱动，促进思维的跳跃与融合，为创新设计开辟无限可能。

（十一）趋势外推法

趋势外推法是一种时间序列预测技术，通过将历史数据按时间顺序排列，形成连续的数据序列，进而基于过去的变化规律推测未来的发展趋势。此方法适用于短期预测场景，其有效性高度依赖历史数据的客观性与可靠性。在应用过程中，需审慎分析过去与当前的发展态势，结合相关条件进行逻辑严密的外推，以得出科学、合理的预测结论。

（十二）情景描述法

情景描述法借鉴电影脚本的叙事手法，综合现有情境与未来预测，灵活展现未来可能的发展轨迹。此法核心特点有：第一，它不仅仅基于单一预测结果，而是纳入多种偶然变化因素，通过多情景交织，全面描绘未来可能呈现的多条路径，展现发展的多样性与不确定性；第二，强调动态视角，模拟未来某一时间节点的动态发展场景，而非静态快照，生动反映变化过程；第三，兼具长期视野与细节洞察，既从宏观层面勾勒未来多种可能性，又精准捕捉特征性现象，提供深度洞察；第四，紧密关联社会、经济、政治等现实因素，构建贴近实际的未来图景，促进对复杂系统相互作用的深刻理解，为问题解决策略的制订提供有力支撑。

二、创意思维的训练

（一）诱导创意的训练

艺术创作围绕具体形象与形式展开，创意思维训练则巧妙利用这些元素进行诱导性启发，这一过程被定义为诱导创意训练。在创作实践中，通过精心选择与主题相关联的对象，并借助类比手法进行提示，能够强化视觉艺术思维的敏锐度与深度。同时，积极探索多样化的形象构成手法，促进新颖形象的诞生，为艺术创作注入源源不断的创意灵感。此外，在培养视觉艺术思维的过程中，实施目标明确且富有成效的诱导策略至关重要，它不仅有助于创作者开辟新的创作路径，还能激发其独特的艺术视角和表达方式，推动艺术领域的持续创新与发展。

1. 题材选择的多元化诱导

（1）题材范畴的广泛性。引导创作者从古今中外的文化宝库中汲取灵感，涵盖民间艺术、自然景观、科学技术等多个领域。

（2）选材角度的多样性。鼓励从人类思想意识、自然形式美、科技动态、艺术原理、宗教信仰、生活礼仪、民俗风情等多重视角挖掘题材深度。

（3）风格定位的差异性。明确创作风格导向，如古典与现代交融、优雅与浪漫并存，或探索自然、前卫、奇特等多元风格，以契合不同情感表达需求。

（4）情感传递的丰富性。强调情感在艺术创作中的重要性，通过热情奔放、忧郁沉思、自豪满足等多种情感色彩的传递，增强作品的感染力。

2. 形态处理的创意组合诱导

（1）渐变艺术的探索。引导创作者在色彩、色调、形态、大小、粗细等方面运用渐变手法，营造层次丰富的视觉效果。

（2）添加的巧妙运用。详细探讨添加的内容、形式、大小、次数及排列方式，以增添作品的细节与层次。

（3）简化的艺术魅力。强调减法美学，通过减去多余元素、化繁为简，提升作品的纯粹性与力量。

（4）打散重排的创意重组。鼓励对结构、色彩、线条、形象及材料进行打散并重新组合，探索新颖的表现形式。

（5）颠倒的视觉冲击。通过位置、组合、材料、主次等多方面的颠倒处理，打破常规，创造独特的视觉效果。

3. 类比思维的全面诱导

（1）综合类比。超越表面现象，深入挖掘事物间的本质联系，进行跨领域的综合类比，拓宽创作思路。

（2）直接类比。鼓励创作者从自然界与人造物中直接寻找灵感来源，实现直观且具体的类比联想。

（3）拟人类比。赋予创作对象以人的情感与特性，通过拟人化处理增强作品的亲切感与共鸣力。

（4）象征类比。利用抽象化、立体化的符号与形象，传达深层次的象征意义，增强作品的艺术深度。

（5）因果类比。在事物间建立因果关系的联想，通过因果逻辑的梳理，为创作提供有力的逻辑支撑。

总之，通过上述有意识的诱导策略及具体的思维途径分析，创作者应全面审视创作过程中的每一个细节与因素，做出精准判断与选择，最终在那些充满挑战性与美感的创意方向进行深入探索与实践。

（二）创意思维训练的种类

1. 标新立异与独创性训练

在视觉艺术思维的探索中，艺术创作始终秉持着对创新与独特性的不懈追求。艺术家们致力于在风格、内涵、形式及表现力等多个维度上超越常规，标新立异，成为其创意思维的核心策略。设计师在面对外界信息时，需积极拓展思维疆域，摒弃传统束缚，赋予作品前所未有的新颖视角与深刻内涵，以此展现个人的艺术见解与创造力。视觉艺术的构成要素，诸如风格、流派、图案、色彩及材料，均构成了思维空间的多元基点，它们的汇聚为创新之路铺设了广阔舞台。每一新增的思维基点均预示着一条新颖创作路径的诞生，为设计师提供了丰富的选择。

个性是艺术作品的灵魂，是其生命力的源泉。缺乏个性的作品易陷于平庸，因此，在视觉艺术思维训练中，强调个性表达至关重要。每位艺术家对同一对象的独特诠释，正是其内心世界与审美体验的外化，赋予了作品鲜明的个性特征。视错觉与矛盾空间造型是训练中的关键技法，前者通过精心设计的视觉误导，激发观者的新奇感受与探索欲望；后者则运用悖论的形态构造，在平面中展现立体幻觉，挑战视觉常规，为作品增添独特魅力。这两种技法不仅丰富了艺术的表现形式，也深刻体现了艺术家对创新与独特性的执着追求。

2. 侧向与逆向思维训练

逆向思维是一种突破常规的思维方式，是艺术创作中激发创造力的有力工具。当传统路径难以引领创新，或作品陷入模仿困境时，逆向思维鼓励我们跳出固有框架，反向求索，从而开辟前所未有的艺术疆域。遵循辩证统一的逻辑，逆向思维促使我们在常规思路之外探索对立面的融合，通过对比与结合，揭示事物间的深层规律。同时，借鉴对立统一原理，灵活转换主客观条件，为视觉艺术思维注入非凡活力，创造出别具一格的艺术效果。

在艺术创作实践中，逆向思维不仅表现在直接的反向操作，更蕴含于侧向与逆向的灵活转换之中。正如日常生活中"左思右想"与"旁敲侧击"的智慧，视觉艺术思维亦需勇于打破直线型思考，让思维在多个维度自由穿梭。当正面探索遭遇瓶颈，侧向发散与逆向推理往往能引领我们发现新的灵感源泉，促进创作的深化与完善。时尚界的风云变幻便是逆向思维影响力的生动例证，流行风格的更迭正是对过度泛滥趋势的自然反拨，体现了社会审美心理的微妙平衡与调整。

因此，对于艺术家而言，培养逆向思维能力意味着拥抱多元视角，勇于挑战常规，从多个层面审视与理解世界。在创作过程中，设计师坚持"多一只眼睛看世界"的态度，不仅关注事物的正面，更深入挖掘其反向与侧面的意义，通过反复推敲与多维度思考，不断拓展创意边界，实现艺术表现形式的创新与超越。

3. 超前思维训练

超前思维依据客观事物的内在发展规律，整合当前多元信息，前瞻性地预测并构想未来发展图景，不仅引领艺术创作迈向新高度，也为设计师提供了前瞻性的创作灵感与路径。超前思维不仅指导个体调整当前认知与行为以适应未来趋势，更激发人们积极开拓未知领域的勇气与决心。在 21 世纪科技飞速发展的背景下，艺术创作与科学技术的深度融合成为必然，高水平的超前思维活动成为推动艺术创新的关键。这一思维过程始于主观愿望的驱动，经由超前思考的引导，最终落实于具体行为之中。设计师借助超前思维展开的形象联想与艺术想象，虽初时或许被视为异想天开，但往往预示着未来的现实图景，推动着社会与世界的进步。超前思维与艺术创作的结合，通过具体形象展现对世界的预见与描绘，强化了艺术与社会生活的紧密联系，促使艺术家在幻想中寻觅灵感，在创新中实现跨越，引领视觉艺术不断迈向更加辉煌的未来。

4. 深度与广度的训练

在视觉艺术的探索中，立体思维以其独特的视角，引领我们采取全方位、多面向的审视方法。这种方法促使个体跳出单一思考模式的束缚，进入更为广阔的思考空间，要求全面剖析问题，并深入挖掘各个层面的细节，勇于突破传统框架，构思新颖独特的创新路径，从而为艺术创作开辟新的领域。视觉艺术思维的广度，体现在造型的多样性、素材的广泛性、元素的创意组合以及跨文化的灵感融合上，它跨越了文化、尺度与时代的界限，将东西方智慧、宏观世界与微观视角以及传统观念与现代思想紧密交织，共同为艺术创作提供了源源不断的灵感。

同时，思维的深度也是艺术探索中不可或缺的一环。它促使创作者深入事物的本质，超越表象的局限，以批判性的眼光审视现象背后的真实面貌。艺术创作的成功与否，往往取决于这种由表及里、由浅入深的理解与洞察力。在视觉艺术的实践中，把握事物的内在逻辑与情感世界，塑造出具有深刻内涵的艺术形象，是每位创作者追求的目标。优秀的视觉艺术作品，不仅能够精准再现对象的外观特征，更能深刻传达其内在精神与情感深度，触动人心，激发共鸣。因此，作品的思想深度与艺术表现力的卓越结合，是衡量其艺术价值的重要标准。当作品能够深刻反映人性、社会或自然的本质时，便实现了艺术创造与观者情感的深刻连接。

5. 灵感捕捉训练

灵感，这一源自古希腊"神灵之气"的概念，在创造过程中扮演着最为关键的角色，它不仅是逻辑思维长期积淀后的潜意识爆发，更是艺术修养、思维定式、个性气质与生活经验的综合体现。在视觉艺术思维的广阔舞台上，灵感思维的闪现往往伴随着突如其来的顿悟，那些曾经模糊的概念与形象在某一刻豁然开朗，如晨曦初照，万物生辉。这不仅是智力跃升的标志，更是艺术创新的不竭源泉。灵感思维深藏于思维幽径之中，其出现既不可预测又充满偶然性，因此，艺术家需致力于营造触发灵感的多元环境，深刻理解灵感的跳跃性、突发性与瞬息万变之特性，同时广泛涉猎，厚积薄发，以深厚的学识与敏锐的观察力为灵感之花的绽放培育沃土。正如肖邦在不经意间从猫爪轻触琴键的碎音中汲取灵感，创作出传世佳作《F大调圆舞曲》，这一经典案例深刻揭示了灵感虽转瞬即逝，却能在艺术家敏锐捕捉与巧妙转化下绽放异彩。在视觉艺术的探索之旅中，无数艺术家正是凭借对灵感的珍视与把握，将那些偶然闪现的灵感火花汇聚成照亮艺术道路的熊熊火焰，让原本朦胧的概念瞬间清晰，引领着视觉艺术不断向前跃进。

6. 流畅性与敏捷性训练

思维的流畅性与敏捷性，作为衡量个体对外界刺激反应速度与效率的关键指标，深刻影响着问题解决与决策制订的效能。当一个人的思维展现出高度的流畅与敏捷时，他能够迅速捕捉问题核心，在极短时间内构思出多元化的解决方案，并精准地进行分析与判断，这种能力无疑是提升工作效率与创造力的宝贵财富。

为了强化这一能力，系统化的训练显得尤为重要。以美国推行的"暴风骤雨"联想法训练为例，该方案通过模拟高强度、快节奏的思维挑战，有效促进了学生思维敏捷性的飞跃。训练过程中，学生需即时响应教师提出的题目，争分夺秒地记录下脑海中涌现的每一个灵感火花，力求数量与质量并重。这种高强度的思维训练，不仅激发了学生的创造潜能，还促使他们在后续的分析环节中，学会从纷繁复杂的想法中提炼精华，做出更为深刻与全面的判断。实践证明，经历过此类训练的学生，其思维活跃度与敏捷性均得到了显著提升，相较于未经训练者，他们在面对复杂情境时更能游刃有余，展现出更为卓越的问题解决与决策能力。

7. 求同与求异思维训练

在视觉艺术创作的浩瀚征途中，求同与求异思维犹如一对并行的翅膀，引领着艺术家们穿越创意的迷雾，探索未知的边界。求同思维，作为一种内聚的力量，它如同磁石般吸引着艺术创作中散落的信息与对象，通过细致入微的观察与分析，揭示出它们之间潜藏的共性特征。这一过程，恰似淘金者从泥沙中筛选出闪烁的金粒，艺术家们从纷繁复杂的素材中提炼出创作的核心要素，使之在思维的熔炉中逐渐凝聚成形的同时，也为作品赋予了深邃的内涵与统一的美学风格。

而求异思维，则是那股推动艺术不断前行的创新动力。它不拘泥于现有的框架与规则，勇于挑战传统，以开放的心态和多元的视角，从各个维度探索创作的无限可能。在求异思维的引领下，艺术家的想象力如同脱缰的野马，在思维的旷野上自由驰骋，每一次灵感的碰撞都可能激发出前所未有的创意火花。这种发散性的思维方式，不仅拓展了艺术表现的手法与形式，更赋予了作品独特的个性与生命力，使之成为时代精神的镜像与回响。

在视觉艺术创作的实践中，求同与求异思维并非孤立存在，而是相互依存、相互促进的关系。求异思维为创作提供了源源不断的灵感与创意，让作品得以突破常规，展现出别具一格的魅力；而求同思维则对这些灵感与创意进行筛选、整合与提炼，确保作品在多样性与统一性之间达到完美的平衡。两者相辅相成，共同推动了视觉艺术创作的不断前进与发展，使每一件作品都成为艺术家智慧与情感的结晶，闪耀着独特的光芒。

通常情况下，上述这个过程需要经过不断反复才能完成，只有求同思维与求异思维之间相互转化和渗透，才会有新的创作思路出现。

第六章

产品开发设计的创新实践与应用

第一节　产品开发设计的形态表达创新

一、形态设计的要素

产品形态的认知过程融合了有形与无形两个层面。首先，通过直观的视觉元素——点、线、面、体的巧妙组合，构建出产品外在的"形"，这是物理形态的直接体现。其次，基于这些视觉元素的物理特性，用户在心理上产生一系列抽象而深刻的感受，即"态"，如轻盈、灵动、宁静与流畅等情感共鸣。这些无形体验深化了用户对产品内在特质的认知。因此，产品形态是视觉元素所塑造的物理之"形"与用户心理感受交织而成的综合印象，二者相辅相成，共同构成了对产品形态的全面认知。

（一）点

1. 点的释义

点是最基础的造型元素，有着高度聚集的特性，往往是空间中的视觉焦点，能够表明和强调位置。点的形状、大小、位置、方向、颜色以及排列的形式都会影响整个平面的视觉表现，带来不同的心理感受。有序的点的构成以规律化、重复或者有序的渐变三种形为主，丰富而规则的点通过疏密的变化营造出层次细腻的空间感。点的这些特征在产品开发设计中可运用于装饰风格、透气的孔、按键、滤网等方面。

（1）单一的点。在二维平面上，单一的点作为视觉标记，精确定位于空间中的某一点，自然成为视觉的中心，具有吸引并集中注意力的显著特性。

（2）相邻的点。当平面上存在两个相邻点时，它们不仅标记了空间中的一段距离，还通过这段距离展现出特定的视觉互动关系。两点间的接近程度决定了它们之间的视觉引力——距离越近，引力越强，反之则可能产生视觉上的分离感。若两点在大小上存在差异，较大的点往往会吸引更多的视觉注意，形成从小到大的自然视觉流动。

2. 产品形态设计中点的呈现

根据点的不同作用可分为功能点、肌理点、装饰点和标志性点。

（1）功能点。在产品开发设计的形态塑造中，功能点特指那些既作为视觉构成元素又承载具体使用功能的点。这些点不仅是形态的组成部分，更是实现产品实用性的关键所在。

（2）肌理点。产品设计中的肌理点，强调物品表面通过点状纹理构建的独特触感与视觉效果。这些纹理不仅丰富了产品的外观层次，还往往蕴含一定的功能性考量，如防滑、增强抓握感等。

（3）装饰点。装饰点在产品形态设计中具有美学与功能的双重属性。它们以艺术化的形式点缀于产品之上，不仅提升了产品的视觉美感，还可能隐含着对使用体验的微妙优化。设计此类点时，需严格遵循形式美学原则，确保其在和谐统一中彰显个性。

（4）标志性点。产品界面上的标志性点，是品牌身份、名称、型号等识别信息的具象表现，分为二维平面与三维立体两种呈现形式。这些点状元素的位置布局、尺寸比例及色彩搭配，均对产品整体形态产生深远影响，是塑造产品独特识别度与品牌印象的重要手段。

（二）线

1. 线的释义

线是点的运动轨迹，有着强烈的运动感。线分为两大类——直线和曲线，直线又包括水平线、垂直线、斜线、虚线、锯齿线和折线，曲线包括几何曲线、波浪线、螺旋线及自由曲线等。作为造型的基础语言，线具有很强的表现性，通过宽度、形状、色彩和肌理等因素，带来不同的心理感受。

（1）水平线。水平线以其稳定、统一与宁静的特质，在平面设计中常扮演连接纽带的角色。其方向性明确，当两端自由时，水平线仿佛向远方无尽延展；一端受限时，则引导视觉向另一端探索；两端均受制约时，其延伸感消弭，转而凸显其强大的连接功能。端点元素的体量与复杂度，深刻影响着整体形态关系的层次与重要性。

（2）垂直线。垂直线以其向上伸展的姿态，传递出力量、庄严与坚固之感，同时象征着挺拔与进取。在设计中，它常用于表现支撑结构，并在垂直方向上建立连接。当垂直线顶端无拘无束时，更添一份向上突破、无限延伸的视觉冲击力。

（3）斜线。斜线以其不拘一格的倾斜姿态，赋予设计作品以随性、休闲、动感与奔放的气息。在平面艺术中，斜线常被巧妙运用，通过扭曲、解构与重组等手法，隐喻社会变迁的曲折历程、废墟中的重生希望，以及在逆境中寻光的坚韧精神。

（4）几何曲线。几何曲线以其流畅、柔美之姿，展现了自然界与艺术的和谐共生，传递出优雅、自由与轻松的审美体验。其形态中蕴含的秩序与规则之美，在平面设计中不仅具有强烈的视觉导向作用，还能通过模拟自然形态，深刻表达设计师对世界的独特理解与情感寄托，从而实现设计思想的精妙传达。

2. 产品形态设计中线的呈现

（1）直线的纯粹与力量。在产品形态设计中，直线作为主导造型元素，赋予了产品简洁、坚定、硬朗与清晰的视觉特征。20世纪20年代兴起的现代主义设计风潮，正是通过大量运用直线与几何形态，彰显了设计师们对机器美学的崇拜、对普遍和谐社会的向往，以及对未来生活的坚定信念。

（2）曲线的柔美与多变。相较于直线的直接与明确，曲线在产品造型中则展现出更为丰富细腻的情感表达。它常被用于营造曼妙、神秘的视觉氛围，尤其适合面向追求浪漫与私密感的女性消费者或特定室内空间。曲线可分为几何曲线与自由曲线两大类别：几何曲线以其规则的形态展现出秩序之美；而自由曲线则更加随性自然，蕴含着无限生机与活力。

（3）线的通透与支撑之美。在特定设计中，如玻璃桌的创作中，设计师巧妙地利用线条的通透性与良好的支撑性能，创造出既美观又实用的产品。玻璃桌不仅视觉上轻盈而不失稳固，更能在户外空间中与自然环境完美融合，为使用者带来一种亲近自然、无拘无束的视觉享受与心灵慰藉。

（三）面

1. 面的释义

面，源自点的扩张或线的封闭围合，其视觉效果尤为显著。面的形态、配置及其在空间中的位置变化，均能引发截然不同的视觉体验。面可细分为平面与曲面两大类别：平面以其延展性、稳重性、严谨性与理性见长，赋予人平和、安稳与可靠之感；而曲面则彰显自由、随和、动感与自然之韵，激发热情与跃动的心绪。面与面之间的交互，通过分离、相遇、覆叠、透叠、差叠、相融、减缺及重叠等多种组合方式，构建出丰富多变的视觉形态与空间结构。如重叠面的运用，不仅增强了空间的层次感，更赋予整体设计以深邃与丰富的视觉维度。

2. 产品形态设计中面的呈现

在产品形态设计中，面是由长宽构成的视觉界面，即便具备一定的厚度，也往往在设计考量中被视为次要因素而被忽略。从设计心理学的视角审视，简洁明快的面能够彰显极简主义与现代风格的精髓，赋予观者以清新脱俗的视觉享受；而富有曲率变化的面则以其柔和的轮廓，营造出温馨亲切、柔美动人的氛围。依据面的形成机制，可将其细分为几何面与自由面两大类别：几何面遵循严格的数学规律，涵盖圆形、四边形、三角形、有机形态以及直线与曲面等多样形式；自由面则突破了几何框架的束缚，展现为任意非规则形态，包括手绘的随意线条勾勒出的不规则面，以及在偶然外力作用下自然形成的独特面貌，这些自由面为产品设计增添了无限创意与个性风采。

（四）体

1. 体的释义

体是三维空间中的基本形态单元，由平面经过运动或围合形成，体现为长、宽、高三维度的结合。它不仅丰富了视觉体验，更是唯一可通过触觉直接感知的客观存在。依据构成方式与形态特征的差异，体可细分为平面几何体、曲面几何体及其他形态几何体等类别。进一步地，从形态模式与体量感的角度出发，体又可分为线体、面体与块体，每种类型均展现出独特的空间占据方式与视觉表现力。在设计领域的基础教育中，立体构成课程深入探讨了体的多样构成方式，为设计师提供了塑造三维形态、探索空间结构的坚实基础。

2. 产品形态设计中体的呈现

线体以其独特的形态，擅长捕捉并表达方向性与速度感，其体量轻盈且通透，赋予作品以动感和生命力。相比之下，面体则展现出视觉上的延伸与稳定，其体量感适中，既保留了视觉的开阔性，又不失稳固与平衡之美。至于块体，作为体量感最为显著的体形态，它是面体在封闭三维空间中的自然延伸，拥有连续而完整的面结构，这一特性使块体兼具真实触感的厚重、视觉上的稳定与安定，以及内在空间的充实与饱满，为设计作品增添了强烈的物质存在感与视觉冲击力。

二、产品形态创新的处理手法

（一）产品形态设计中面的凹与凸

1. 凸与凹的形态特征

面的凸凹在产品开发设计中是一种较为常见的处理手法。一方面，凸凹变化是形式美的需要；另一方面，凸凹跟产品的实际使用功能关联密切。

2. 凸与凹的形式美

（1）凸凹之美。自然界的韵律与和谐——凸与凹作为大自然最为质朴的语言，以山的雄伟壮丽为典范，完美诠释了自然界的形态美学。山峦起伏，凸处挺拔峻峭，凹处幽深莫测，共同编织出一幅幅动人心魄的自然画卷，展现了凸凹形态的无尽魅力。

（2）凸凹艺术。从远古到现代的传承与创新——自古以来，人类便巧妙地运用凸与凹的处理手法，赋予石器、陶器、青铜器等人工制品以独特的审美价值。这一传统技艺历经千年传承，至现代，更是焕发出新的生机。在现代建筑领域，凸凹变化成为丰富建筑立面的重要手段，赋予建筑以动态美感与视觉层次。而在工业产品设计中，凸凹元素不仅增强了产品的视觉吸引力，更在功能上发挥着关键作用，实现了美观与实用的完美结合，展现了人类智慧与创造力的无限可能。

3. 凸与凹在设计中的应用

在产品的结构与功能设计中，经常使用凸凹变化。如金属外壳采用凸凹变化可增大其强度。

（1）功能性与语意传达。在操作界面中，按钮、旋钮、操纵杆等元件多采用凸起设计，不仅便于用户准确识别与操作，更作为产品功能与意图的直接体现，成为设计者向使用者传达产品核心价值与独特魅力的桥梁。

（2）人机工程学的精细化应用。依据人机工程学原理，对系统进行全面分析，并深入探究局部操作的体感、手感、握感及踏感，是实现产品人性化设计的关键。在此过程中，通过巧妙运用不同块体的凸起设计或凸凹结合的方式，可显著提升产品的使用舒适度与效率。

（3）造型艺术的深度探索。面对日益激烈的市场竞争，工业产品不仅需满足基本功能需求，更需在美学层面不断突破与创新。在整体设计追求美观大方、新颖独特的同时，细部设计的丰富性与细腻度亦成为衡量产品竞争力的重要指标。其中，细部的凸凹处理作为设计师常用的创意手法,不仅丰富了产品的视觉层次与美感变化,更在强化产品功能表达方面发挥了不可小觑的作用。

4. 产品细部设计中凸与凹的应用

在产品开发设计过程中,设计师应该有凸凹处理的意识,注意观察、研究国内外优秀产品开发设计中凸凹处理的优秀典范,学习别人的好方法,丰富自己的设计手段。

(1)凸凹形态的多元化表现。在产品开发设计中,凸与凹的概念被赋予了更广泛的含义,它不仅体现于直观的物理形态,更贯穿点、线、面、体的构成法则之中。具体而言,凸点可体现为按钮、按键等功能性凸起;凹点则如插孔、灯孔般内敛而实用。线条方面,凸起的线条增添了设计的层次感与导向性,而凹槽则提供了视觉与触觉的双重引导。在面的层次上,局部功能面的凸起与凹进不仅丰富了视觉效果,更赋予产品以动态美感。

(2)凸凹设计中的艺术平衡。产品形体艺术造型中,统一与变化是不可或缺的艺术原则。统一性赋予形体以和谐之美,而变化性则激发视觉活力,二者相辅相成,共同构成美的源泉。凸起与凹进作为这一原则的具体实践,通过实与虚、强与弱、主与次的对比,展现出设计的多样性与深度。设计师在追求个人风格的同时,更应注重整体的统一性,确保设计在变化中不失和谐,在统一中不失灵动。此外,节奏与韵律、整齐一致也是衡量设计成功与否的重要标准。

(3)凸凹在细部设计中的深化应用。面对市场的激烈竞争,产品的持续升级与创新成为立足之本。在形态设计的更新迭代中,加强对凸凹细节的雕琢成为提升产品竞争力的关键手段之一。凹形创造虚空,为操作提供便捷,凸形则强调技术功能,展现产品内核。二者相辅相成,共同构成了产品形态的丰富层次。设计不仅在于形体与凹凸的直观呈现,更在于凹中之凸、凸中之凹的微妙平衡,这种深度探索与创新实践,正是推动产品不断进化的不竭动力。

(二)产品形态设计中面的转折

在产品开发设计中,体积感是塑造视觉与心理体验的关键要素,它融合了立体与质量的双重感知。体积感的构建与强度,核心在于精准把握面与面之间的微妙关系,尤其是转折与面的处理艺术。这些转折,刚柔并济,既有如刀锋的锐利,也有温柔似童肤的细腻。面的形态同样多变,从平整到微凸,再到圆润,每一种形态都需依据物体的内在结构、独特质感及设计者的独特视角来精心雕琢。在工业产品设计的语境下,面与转折的匠心独运尤为关键,尤其是窝角与曲面的运用,它们不仅是汽车设计中不可或缺的语言——大窝角、小窝角,以精准数值界定;曲面则微妙地凸起,同样以数值量化。这种理性的表达方式,既确保了生产制造的便捷性,也展现了设计师对面与转折美学探索的深思熟虑,虽略显技术导向,却不失对审美感受的深刻考量。

第二节　产品品质的创新提升与功能优化

一、产品的品质改良

（一）产品品质改良的释义

产品的品质改良，是对现有产品的深度再设计，这一过程蕴含着深远的社会意义与内在价值，它首要在于剔除市场上的劣质产品。回溯至 20 世纪八九十年代，中国制造业在追求速度与成本效益的浪潮中，多倾向于模仿或微调外来产品并迅速推向市场，这种粗放型生产模式虽是工业化初期的无奈选择，却遗留下产品质量参差不齐的问题，真正意义上的产品品质设计无从谈起。而品质改良的更深层次意义，在于激发人们对日常生活细节的重新审视与反思，促使我们不再对习以为常的事物视而不见，而是深入探索并理解现代生活的本质与需求，从而引领生活方式的积极变迁。

当前，业界对于产品品质改良性设计的认知尚显模糊，常易将其与常规的产品开发设计概念混淆，难以精准把握其独特性质与核心内容，更遑论探寻出一套行之有效的设计方法论。实际上，产品品质改良设计的初衷直指现有产品的不足与缺陷，其核心在于回归产品与设计的本真追求，即为广大使用者创造更加舒适、耐用、便捷的使用体验，并借此优化我们的日常生活环境，让产品真正服务于人，提升生活品质。

（二）产品品质改良的意义

1. 使产品更加完善、更加人性化

产品品质改良设计的核心目标在于实现产品与人的和谐共生，而非反向让人迁就产品。以人为本，作为所有产品形态构建的基础，要求我们在确保产品基本功能完善的同时，通过优化外形设计来契合人机工程学的普遍规律。在此过程中，设计师需深入探究人机工程学的精髓，即人、机器与环境三者间的微妙平衡，这跨越了心理学、生理学、医学、人体测量学、美学及工程技术等多个学科边界。研究旨在融合这些学科智慧，指导我们重构工作工具、优化作业流程及改善工作环境，从而全方位提升产品在使用效率、安全保障、健康促进及舒适度等方面的综合性能。

产品经过改良后，不仅操作流程得以简化，使用便捷性显著提升，其独特性能也更为鲜明突出。同时，这一变革促进了产品生产、消费与回收循环的透明度，使消费者能更清晰地了解产品全生命周期。更重要的是，改良产品深化了人与物品间的情感纽带，鼓励了有意义的生产与消费，有效遏制了无价值产品的过度制造，共同构建了一个更加可持续、和谐的生活环境。

2. 使制造业得到良好的发展

为响应市场需求，企业频推新品，其中多数实为旧品升级再上市，此策略投资少、回报快、风险低、成本低，成为企业加速资金周转、缩短产品更新周期的优选路径。鉴于我国众多中小企业在市场研究、技术创新与设计能力上的局限，自主开发新品难度较大，故而，持续优化现有产品，成为其成长壮大的务实选择。这一策略不仅契合我国中小企业的现状，亦与世界众多大型企业的成功轨迹相契合。因此，产品销售反馈成为企业优化产品品质的宝贵资源，设计师可据此精准定位产品问题，实施针对性改良设计，推动企业稳步前行。

3. 加强环保

产品品质改良性设计，旨在融合先进技术、经济高效的制造流程与人性化功能形态于一体，同时，它也是一种深刻考量产品与环境关系的系统化设计思维。该设计过程紧密围绕人与自然和谐共生的原则，确保每个设计决策均兼顾环境效益，力求将对自然环境的负面影响降至最低。在适应不断变迁的生活方式中，它深入探索产品与外部环境的相互作用，以此为基础进行合理产品定位，最大化产品价值。此外，产品改良设计倡导以更负责任的态度塑造产品形态，通过简约设计延长产品生命周期，体现对资源的珍视

与可持续利用。

（三）产品品质改良的基本方式与对象

1. 改良的基本方式

"改良"一词蕴含了改进、改观与变革的深意，它体现在多个维度。首先，它意味着针对产品使用中的不便之处进行改造，通过调整原有设计，使产品功能及操作方式更为直观易懂，从而提升用户体验与操作效率。其次，改良亦关乎产品外观的革新，旨在打破旧有样式，赋予物品以崭新面貌与审美价值。这一过程中，设计师需深刻理解并满足社会与个人的实用与审美双重需求。最后，改良还触及产品结构的深层次变化，无论是内部构造、空间布局还是技术应用的升级，都旨在优化产品性能，使其功能发挥更为高效。总之，无论是对家具如椅子、茶具如茶壶，还是高科技电子产品，深入细致的研究与合理改造，都是实现产品功能最大化与特性彰显的关键。

2. 改良的对象

产品品质改良设计涵盖了使用方法的优化、使用功能的提升、外形的革新以及结构的改良等多个方面。在使用方法上，它致力于消除不合理的操作障碍，提升使用的便捷性，如汽车手动操控向自动操控的转变，显著提高了驾驶的舒适性与效率。而在使用功能层面，改良在于提升产品的效能与效率，以满足用户对更高性能的追求。例如，针对现有飞行器飞行时间过长的问题，通过改进飞行效能、提升飞行速度，有效缩短了星际旅行的时间成本，提升了探索宇宙的效率。

产品外形的改良是持续进行的，旨在通过创新设计来满足日益提升的审美标准。随着科技发展和生活品质的提高，消费者对产品外观的期望也随之增长。为了契合这一趋势，产品不仅要提升其功能性，还需在外观设计上不断推陈出新，以满足用户不断变化的生理与心理需求。同时，产品结构的改良也是关键一环，它涉及产品内部与外部结构的精细调整。作为产品的"骨架"与"肌肉"，结构对产品的使用效能和外观形态起着至关重要的作用。因此，当产品功能或外观需要升级时，其结构也必须相应地进行优化，以确保产品整体的卓越性能与和谐统一。

（四）产品的品质改良——性能的改良

产品性能改良的核心在于优化产品的主要特性，以更好地满足设计预期与使用需求。各类数码配件，如音乐伴侣（音频发射器）、录音器及分频线等，均拥有独特的性能表现，服务于不同的应用场景。以音乐伴侣为例，它通过特定频段将音乐播放器的音频信号传输至车载音箱，实现了音频的无缝连接。而电风扇的性能改良则在于风量和风速的精准调控，生产商在产品说明中明确标注相关指标，旨在确保产品在实际使用中能够达到既定的风量与风速标准，从而充分展现其应有的使用效果。

全面评估产品的各项性能指标，是准确反映其性能质量水平、进而满足消费者需求的关键。以电冰箱为例，其整体性能质量的优劣并非仅由单一指标决定，而是取决于制冷性能的多个维度，包括储藏温度的稳定性、冷冻效率的高低、化霜功能的可靠性、负载后温度回升时间的控制，以及保温效果与能耗的平衡等。只有当这些关键指标均能达到或超越国家标准时，电冰箱才能展现出卓越的整体性能，真正满足消费者对高品质生活的追求。

1. 产品的使用不受限制

经过调查，能够在不同状态下随心所欲使用的产品具有以下特点。

（1）普遍适用性与舒适性并重。在产品开发设计领域，一个核心原则在于确保产品使用方法不受限于特定人群或情境。以体温计为例，其设计需充分考虑不同年龄、性别及身体状态的用户（如成年人、老年人、妇女、儿童及婴儿），确保每位使用者都能以最适合自己的方式舒适操作，并有效发挥其测量功能。这种设计思维旨在打破使用门槛，提升产品的普适性和用户体验。

（2）双手通用设计的考量。鉴于用户群体中左右手使用习惯的差异，产品设计需融入双手通用性原则。这意味着，在不影响主要功能的前提下，产品应兼顾左右手使用者的操作体验，避免给左撇子带来不便。

（3）特殊需求群体的定制化设计。针对特定用户群体，如老年人、儿童等，产品设计需特别关注其特殊需求。这些群体因年龄、身高、体能等差异，对产品的使用有着更为具体和严格的要求。以儿童自行车为例，为帮助低龄孩童提升身体平衡能力，设计上常在后轮两侧增设辅助小轮，这一创新不仅满足了初学儿童的安全需求，也促进了他们技能的发展，体现了对特殊需求群体的深切关怀和定制化设计的重要性。

2. 隐藏在产品中可能导致危险的因素

在提升产品性能时，重要的是要消除产品中的潜在危险，并调整其使用方式，使之更加适应使用者的能力、缺陷和需求。这一转变反映了社会对产品安全性的日益重视，以及随着文明发展，消费者对产品品质的更高要求。

为了保障使用者的安全，避免其接触到潜在的危险装置，产品设计需采取多重措施。首先，产品应配备清晰明确的标识，以直观方式提示用户潜在风险区域。其次，在构造设计上，应巧妙隐藏或遮蔽危险装置，减少直接接触的可能性。最佳实践是将操作装置与功能装置在物理上分离，即使误触，也不会直接激活危险功能。综上，安全因素的改进设计涵盖了对潜在危险的深入分析、有效警示以及操作与功能装置的分隔布局。

在产品设计中，针对那些易于引发意外、操作失误、伤害或延误使用的元素，需采取预防措施。以电源设备为例，外露的带电装置如按钮存在显著安全隐患，易导致误触而触电。因此，设计时应将这些操作部分巧妙隐藏于不易触及之处，并尽量减少非必要零件的暴露。类似的设计理念在诸多日常用品中得以体现，如汽车车门的安全装置，通过自动门设计减少直接操作风险，以及将门的开启按键与把手分离，以避免误操作导致的不便。这些设计策略均旨在提升产品的安全性与用户体验。

3. 产品更好用与耐用

任何产品的卓越不仅体现在其使用的便捷性，更在于能否给予使用者以安心感。低故障率、强耐久性及高舒适度，是产品开发设计师共同追求的黄金标准。随着高科技电子与精密加工技术的飞跃，高性能新产品层出不穷，如何在改良设计中兼顾实用与耐久，成为设计师面临的重要课题。细节决定成败，任何细微之处的疏忽都可能成为使用不便的源头，因此，设计师需以严谨的态度，精益求精，力求在每一个环节都达到最佳状态。

椅子的设计需充分考虑人体工学，以应对人体脊椎的独特性与坐姿变化带来的挑战。针对背部自然曲度与座椅间形成的不健康空间，设计应追求椅子的轻巧、灵活与易用性，利用轮轴提升移动便捷性，同时引入弹簧装置以顺应脊椎角度的微妙变化，确保长时间坐姿下的舒适与健康。此外，还需关注工作区域的最优化布局，避免身体因远离最佳工作区而产生不必要的疲劳。模拟人体背部结构的动态靠背技术，通过随背部活动而变化的支撑，提供全方位保护。某公司的创新实践表明，裸露部件设计不仅能直观展现机械构造，还能精准发挥各部件功能，保持椅子原有美感的同时，实现了技术与人体需求的和谐统一。

4. 对产品结构的改进

许多产品的内外结构紧密相连，共同构成其独特的功能形态，如杯子、曲别针、书籍及日常餐具等。以杯子为例，其经典设计包括圆柱形杯体与把手，其中圆柱形杯体的圆形上口便于饮用，但在倾倒液体时，尤其是油性液体，易导致溅洒。为解决这一问题，设计师巧妙地在圆形口面局部融入锥形或嘴形设计，有效防止了倾倒时的不便。此外，为增强杯子的实用性，上口面常配备可拆卸盖子，不仅保温防溅，更提升了使用的便捷性与多样性。这种内外结构的一体化设计，不仅彰显了产品的功能特性，也展现了设计师对细节的关注与创新的追求。

产品的功能演变往往伴随着结构的调整,但结构的变化不一定直接导致功能的新增。以弹簧椅子为例,其靠背构架中的基干设计,通过环形臂柄结构巧妙平衡了上背部与下背部的支撑力,受压时,能沿滑翔系统引导使用者自然靠向椅背,并促使椅子轻微前移。这一结构设计并未赋予椅子新的功能属性,却显著提升了使用的舒适度,展现了结构创新在优化用户体验方面的重要作用。

(五)产品的品质改良——功能的改良

1. 产品使用功能的改良

产品功能的改造,实质上是对既有产品进行深度优化与效能提升的改良性设计过程,旨在灵活应对环境变迁与生活方式的日新月异,同时积极融入新兴技术,以解锁产品前所未有的功能潜力。审视所有既有产品,不难发现其使用功能均存在一定的局限性或待完善之处。以担架救护车为例,传统担架车设计在平坦的城市道路环境中尚能胜任,然而,一旦进入乡村复杂多变的山地救援场景,其性能短板便暴露无遗。崎岖不平的山路不仅考验着车辆的通过性,更对担架车的稳定性提出了严苛要求。在紧急救援的高速行进中,担架车的显著震动不仅加剧了伤员的生理痛苦,还可能对其病情造成不利影响。针对这一问题,必须对担架车的平台与脚架连接装置进行革新设计,通过采用更先进的减震材料、优化结构布局或引入智能调节机制等手段,有效降低震动幅度,确保伤员在转运过程中的平稳舒适,从而实现对产品功能的全面升级与精准适配。

功能方面的失误经常出现在一些多功能产品的使用过程中,因为其中的某一功能往往只适合某一状态的操作,在其他状态下则会产生不同的效果。如果产品的操作方法多于控制器的数目,有的控制器就会被赋予双重功能,功能失误也就变得越来越难以避免。

若产品未能即时反馈当前功能状态,迫使使用者依赖记忆进行操作,无疑增加了操作失误的风险。为减少此类错误,设计策略应在于简化功能状态或确保其在产品表面的清晰呈现。在探讨改变产品功能的方法时,首要原则是审慎控制功能的增加,避免无意义的功能堆砌,因为每新增一项功能都可能伴随控制器数量的膨胀、操作步骤的复杂化及说明书的冗长化,进而加剧用户的使用负担。其次,对既有功能进行合理组织与模块化设计同样关键,通过将功能划分为若干逻辑清晰的组件,并巧妙布局于产品各处,每个组件集中管理特定类别的功能,既简化了操作流程,又便于用户快速定位与识别。此外,考虑到用户长期形成的特定使用习惯,当引入新型使用方式时,需深入剖析原功能与新方式的兼容性,必要时应勇于打破既有习惯,以创新的视角重新审视产品功能需求,从而为产品功能的革新奠定坚实基础,确保设计方案既满足用户实际需求,又能引领未来趋势。

2. 多功能的改良

在某些产品的初始设计阶段，功能单一化倾向较为明显，这在一定程度上限制了用户体验的丰富性，难以满足消费者在使用过程中的多元化需求。针对这一现象，设计师需积极寻求突破，对既有产品进行深度改良，赋予其多功能属性。通过详尽的市场调研不难发现，尽管当前水杯市场产品种类繁多，设计多样，但在满足消费者日益增长的个性化需求方面仍存在较大空间。特别是儿童群体，他们对于同时享用多种瓶装饮料的愿望尤为强烈。为此，设计师可巧妙融合创新思维与实用考量，设计出具备多项选择功能的水杯，以充分满足不同人群在不同场合下的多样化饮水需求，从而提升产品的市场竞争力与用户体验。

二、产品的功能设计

（一）产品的功能设定

1. 功能设定的释义

产品开发设计是融合了理性逻辑与感性创意的复杂过程，其核心在于构建一个功能完备且协调统一的有机系统。自1947年美国工程师麦尔斯提出"顾客所购实为产品功能而非其物质形态"的深刻见解以来，功能设计便跃升为设计学领域的核心议题。为了更精准地界定这一理念，业界通常将功能规划与框架构建称为"功能设定"，它不仅是产品定位的关键环节，也是连接设计理念与产品实体的桥梁。在功能设定的精妙布局中，每一功能单元均精准映射至产品的具体部件、选材、生产工艺乃至操作流程，形成一套紧密相连、相互作用的系统。因此，这一过程不仅要求从宏观层面对产品进行全局性的功能定位，还需深入微观层面，对每一个组成部件的功能属性、系统内的位置关系及相互作用进行细致规划。相较于实体产品的结构明确性，功能设定展现出一种抽象、模糊而又极具拓展性的特质，它不拘泥于固定的形态框架，而是提供了一个灵活多变的设计空间，既允许设计师无限深入地探索与优化，也便于在必要时迅速整合归纳，确保设计方案的灵活性与高效性。

2. 功能设定的作用

作为产品的核心要素，功能的创新是产品创新的基础。那么，功能设定环节对于完整的产品开发设计流程的作用是不言而喻的。

（1）精准定位。产品开发设计的首要任务是确立明确的设计目标，为产品指明清晰的设计方向。设计旨在解决消费者在生产、生活中的实际问题，因此，设计目标的精准定位是后续设计工作的基础。设计师需深入理解产品的最终用户群体，包括他们的使用动机、购买原因、具体需求以及这些需求能否被有效满足等关键信息。唯有如此，设计师方能有的放矢，确保设计方案既符合实际需求，又具备实施的有效性和可行性。

（2）激发创新思维。在产品开发设计中，激发创意是推动设计创新、提出高效解决方案的关键。长期以来的物质形态习惯往往使人们忽视了产品作为功能载体的本质，而陷入对外观的单一关注。为了打破这种惯性思维，设计师需勇于探索未知，质疑现状，思考产品形态背后的逻辑与可能性。具体而言，即要探究产品为何呈现当前形态，是否存在其他同样有效的实现方式，以及是否有更优策略来解决问题。这种对未知的好奇与探索，正是激发创新思维、推动设计进步的不竭动力。

3. 引导与约束产品开发设计

在产品开发设计的综合流程中，功能设定作为核心策略，既为设计师指明了探索方向，又设定了必要的边界，从而确保了设计过程的完整性与系统性。通过全面剖析与构建功能系统，设计师得以将抽象的功能概念转化为具体可操作的功能框架，这一框架不仅是新产品基础结构的蓝图，也是后续设计工作的基础。在这一框架下，设计师能够自由拓展思维，同时兼顾产品的全局视角，确保每个设计决策都能与整体设计理念相协调。进一步地，通过对功能模块的细致分析与整理，设计师能够精准把握各功能间的层级结构与相互关联，进而明确其在产品结构中的定位与角色，构建出一个逻辑严密、条理清晰的功能体系。这一过程不仅深化了设计师对每一功能点的理解，也促使他们形成了全面而深入的全局设计思维，确保设计作品既富含创意，又不失严谨与完整性。

（二）功能的分析

在产品开发设计领域里，设计师的核心任务是将用户的多样化需求精准转化为产品功能，并确保这些功能能够切实响应并满足用户的期望。对于简易的日常用品或工具的改良设计，设计师或许能够凭借丰富的设计经验和深厚的生活积累，直接针对用户需求进行功能规划，这在许多项目中已被证明是行之有效的策略。然而，当设计任务转向更为复杂的大型机械化、电子化产品时，仅凭经验进行功能设计便显得力不从心。这类项目往往要求设计者跳出常规思维框架，深入剖析每一个细节，以免因思路局限或疏漏而导致功能实现效果不佳，甚至产生无法解决实际问题的"伪功能"。更为严重的是，若设计不当，新增功能反而可能给用户带来不必要的困扰，与设计的初衷背道而驰。因此，在产品开发设计过程中，对功能进行深入、细致的剖析，不仅是提升设计品质的关键所在，也是推动项目迈向成功的必要步骤。

事实上，对所有产品开发人员而言，功能分析是前期设计的必要和重要过程。功能分析主要由定义功能、功能分类、功能分解等部分组成。

1. 定义功能的方法

功能定义本质上是一个从需求出发的概念提炼过程，它将解决问题的策略抽象为可操作的陈述，进而精炼成明确的功能界定。面对同一问题，解决路径或许多元，但功能定义的任务在于锁定一种或几种最具实效的操作理念，并赋予其确定性。在功能设定的框架内，功能定义扮演双重角色：首要之务是为产品整体功能赋予明确意义，奠定产品存在的核心价值与宗旨，这一过程在设计初期即需完成，且一经确立便应保持稳定，作为后续设计的基础；其次，它还需细化至产品的各个子功能层面，明确各子功能的特定价值与目的。这些子功能的定义更为灵活，随着设计进程的推进与调整，可适时优化以适应整体设计的演变需求。

功能定义以层次分明的抽象词汇为核心，精准概括了产品整体或其组成部分的行为特性，并清晰界定了这些行为所达成的效用。这一过程，实现了从具体行为到抽象功能的转化，明确区分并限定了产品功能的边界。为实现定义的简洁明了，通常采用"两词法"进行表述，即以动词搭配宾语的形式，直接而精练地阐述功能，如"显示时间""输入电流"等。当需进一步完整表达时，则可加入行为主体，即产品整体或特定部件，以明确功能的具体承载者，如"手表显示时间"或"指针标示时间刻度"。如此，通过明确产品或部件的具体运作行为及其作用对象，我们便能清晰地识别其功能所在，这一过程，实质上是从行为认知向功能理解的深刻映射，深化了我们对产品功能的全面把握。

定义功能的核心目的在于精确阐述产品的本质特性，特别是通过动宾结构的词组形式，直接表明产品的行为功能本身，而非行为执行的具体主体。这一方式有助于设计师将注意力集中于功能的本质，超越特定结构或形式的局限，探索更多样化的功能实现途径。在复杂的产品系统中，各部件所承载的功能各具重要性，且实现方式各异，因此，对功能进行合理分类至关重要。这不仅有助于在功能分析时采取针对性的策略，还能深化对功能定义的理解，掌握多样化的功能表述方法。通过综合运用语言、图表及文字等媒介，我们能够以更加精确、清晰的方式定义产品的各项功能，为产品设计提供坚实的理论基础和实践指导。

2. 功能的分类

由于用户需求的多样性与产品世界的繁复性，功能分类的基准呈现出多元化的特点，具体可归纳如下：

(1)依据用户需求的本质属性，功能可划分为使用功能与精神功能两大范畴。使用功能侧重于满足用户的实际操作需求，如产品的实用性；精神功能则侧重于满足用户的心理或情感需求，如产品的审美体验。

(2)基于用户需求的满足程度，功能被进一步细分为必要功能与不必要功能。必要功能是指那些对用户而言至关重要、不可或缺的功能；不必要功能是指那些对用户而言非必需，甚至可能产生冗余或干扰的功能。

(3)在同一产品体系内，根据重要性程度，功能可区分为主体功能与附属功能。主体功能是产品的核心功能，直接决定产品的基本性能与价值；而附属功能是对主体功能的补充与拓展，旨在提升产品的综合竞争力与用户体验。

(4)从功能实现的层次结构出发，功能又可分为总功能、子功能及功能元。总功能概括了产品的整体效用；子功能是总功能的细化分解，分别对应产品各组成部分的具体作用；功能元则是功能分解的最小单元，是功能实现的基础构件。

不同的分类方法取决于对产品功能性质的定位，其立足点不同，即有不同的分类方式。在讨论产品的使用价值和审美价值时，很明显，我们应该将客户的需求向使用功能和精神功能两个不同的方向进行映射；当我们的目的在于建立功能之间的结构层次时，就应当将大大小小因需求而产生的功能罗列为总功能、子功能和功能元；当我们需要增加或减少某种功能时，首先要将必要功能和不必要功能作一个清楚的归类。

3. 功能分析

（1）实用功能。这一类别指产品在实际使用过程中的效能，即其能否有效满足用户的物质需求。具体而言，它涵盖了产品的可操作性、效率、维护便捷性、运输安全性等多个方面。实用功能直接关联到产品的基本使用价值和用户体验，是产品设计不可或缺的一环。

（2）精神功能。精神功能亦称为心理功能，侧重于产品对用户主观感受与心理层面的影响。这一功能超越了单纯的物质需求，触及用户情感深处，通过产品的外观样式、造型设计、材质质感及色彩搭配等元素，传递特定的文化内涵与时代气息，彰显个人的审美追求与精神风貌。用户在与产品的互动中，能够产生豪华、现代、科技或美感等不同的情感体验，这些体验不仅使用户需求得到满足，更在无形中塑造着他们的生活方式与价值观。因此，在工业产品设计中，兼顾精神功能成为提升产品附加值、满足用户深层次需求的关键所在。

概括来说，精神功能主要包括如下因素。

①审美因素：产品设计之美，其精髓深藏于功能、技术、形态与材质之和谐共生中，远非单纯外观所能涵盖。设计过程中，我们不仅要确保产品功能完备，更要洞察并满足用户深层的心理需求，让产品成为连接物质与精神的桥梁。此外，设计不应局限于产品的基本机能与外观造型，而应探索声音、气味、温度等多维度感官体验的融合，以全方位提升用户的使用感受。这一过程是对设计美学深度的挖掘，也是对人性需求的细腻关怀。

②认知功能：在信息产品的开发设计中，认知功能的优化占据着举足轻重的地位。这具体体现在产品的操作界面、按钮布局、图标设计以及功能键配置上，均需紧密围绕用户的认知习惯与心理预期进行精心策划。通过科学合理的界面架构、直观易懂的图标表达以及符合直觉的操作逻辑，设计旨在降低用户的学习成本，提升交互效率，从而创造出流畅无阻、愉悦舒适的使用体验。这一过程不仅是技术与艺术的融合展现，更是对用户行为模式深刻理解的结果。

③象征功能：象征功能旨在通过精心构思的外观造型与品牌元素的巧妙融合，赋予产品超越物质属性的深层含义。这一过程不仅关乎产品的外在呈现，更触及使用者身份认同、社会地位及审美品位的体现。通过独特的造型设计、精致的工艺处理以及品牌理念的深度植入，产品成为了传递使用者个性特质与社会形象的重要媒介。因此，在象征功能的设计实践中，设计师需深刻理解目标用户群体的文化背景、价值取向及审美偏好，以确保产品能够精准触达并强化其象征意义。

④分解使用功能和精神功能的作用：产品的功能设计是一个多维度的考量过程，其中使用功能与精神功能虽可区分，但实则相辅相成，共同构成了产品的综合价值。在具体实践中，很少有产品仅侧重于单一功能，更多时候，它们是使用功能、认知功能及审美功能的有机统一体。这些功能之间紧密相连，相互渗透，共同服务于产品的最终目标与用户需求。设计初期，对使用功能与精神功能的权衡至关重要，但这一权衡并非孤立进行，而是需结合产品的综合特性与最终目的来灵活调整两者的权重比例。以灯具设计为例，无论是工作台灯还是室内装饰灯具，虽均以提供光照为基本需求，但前者更侧重于高效实用的照明功能，后者则更倾向于通过光影效果营造空间氛围，满足人们的精神审美追求。这一过程充分体现了产品设计中功能权衡的复杂性与灵活性。

将产品的使用功能与精神功能进行适度分解，有助于设计师对产品功能特性进行更为精准的定义与把握，为明确设计方向提供了坚实基础。此举措不仅促进了设计思维的条理化，还使设计流程得以灵活调整，以更好地适应不同项目需求。在当前国内众多行业面临产品同质化挑战的背景下,企业与设计公司常需通过产品改型设计来开辟市场新蓝海。这些项目往往要求在不触动产品核心功能与结构原理的前提下,对外观形态进行创新改造。在此情境下,明确的功能分解成为设计流程优化的关键。设计师能够基于分解后的功能框架,快速锁定设计焦点,调整设计策略,高效推进项目进程,从而在激烈的市场竞争中脱颖而出。

(3)主体功能和附属功能。主体功能因其本质属性而呈现出相对稳定的特性,不会轻易发生大幅度变动,一旦主体功能发生显著变化,往往预示着产品本质属性的根本性调整。以沙发床为例,其原始设计以"坐"为核心功能,而后续加入的"睡"功能,不仅丰富了产品的使用场景,更使产品性质发生了微妙而深刻的变化。这一变化要求沙发床必须同时满足坐卧双重需求,两者相辅相成,共同构成了产品的新面貌,体现了主体功能对产品性质的决定性作用。

附属功能作为主体功能的补充与延伸,虽不占据核心地位,但在提升产品综合性能、丰富用户体验方面扮演着不可或缺的角色。其多变性与灵活性,使附属功能在设计过程中拥有极大的创意空间。在某些情况下,附属功能能够有效辅助主体功能的实现,增强产品的整体效能;而在另一些场合,附属功能可能展现出独立的实用价值,甚至在某些特定需求下成为用户选择产品的重要考量因素。值得注意的是,随着产品设计的不断演进与技术创新,附属功能与主体功能之间的界限有时变得模糊难辨,如带收音机的闹钟,其收音机功能在特定情境下可能成为用户关注的焦点,模糊了附属与主体的传统界限,体现了产品设计中功能的复杂性与多样性。

(4)必要功能和不必要功能。产品的必要功能与不必要功能之间并非固定不变,而是随着使用者需求的动态变化呈现相对性。当需求发生转变时,原本的必要功能可能变得不再必要,反之亦然。因此,在同类产品的市场调研中,对功能必要性的深入分析显得尤为重要。通过评估用户满意度,我们可以将产品划分为功能不足、功能过剩与功能适度三类,从而明确改进方向。在设计实践中,精准把握产品功能的主次关系是基础,更为关键的是,要保留并优化那些真正满足用户需求的必要功能,果断剔除不必要的功能冗余,同时针对现有产品的功能短板进行有效弥补,以打造出更加贴合用户期待的产品解决方案。

①功能不足。当产品的必要功能未能达到既定标准时,即构成功能不足。这一现象往往源于多方面因素,如结构设计欠妥、选材不当导致的强度欠缺,以及产品在可靠性、安全性、耐用性方面的不足。此外,随着时代的变迁、技术的进步与消费者需求的演变,产品的功能需求亦在不断调整。以铅笔为例,作为传统书写工具,虽历经岁月洗礼仍被广泛使用,但用户在使用过程中逐渐发现了诸多不便,进而催生了自动铅笔等创新产品,

以满足更便捷的使用体验。

②功能过剩。功能过剩表现为产品提供了超出用户实际需求的功能,这些额外功能构成了不必要的冗余。功能过剩可细分为内容过剩与水平过剩两类。内容过剩指的是产品中包含了大量使用率低下或对用户而言并不实用的附属功能,如录像机中的编辑、定时等功能,对于部分用户而言实属多余。而水平过剩则体现在为实现必要功能而采用了过高的性能指标,如安全性、可靠性标准设置得过于严苛,导致成本增加且实际效用有限。在功能分析与设定过程中,应审慎评估并剔除这些不必要的过剩功能。

③功能适度。功能适度的产品能够精准对接用户需求,既不过多也不欠缺,实现了功能与需求的完美匹配。然而,值得注意的是,功能适度并非静态概念,而是随着用户需求的动态变化而不断调整的过程。设计师需时刻保持敏锐的市场洞察力,紧跟用户需求的变化趋势,确保产品功能的持续优化与升级。以傻瓜相机为例,其最初设计的定焦功能虽简化了操作流程,却也限制了摄影的灵活性与多样性。随着用户需求的提升,相机功能不断迭代更新,以解决自拍不便、抓拍困难等问题,展现了功能适度原则在产品设计中的灵活应用与持续进化。

许多学习者在进行产品开发设计时,习惯为新产品增加功能,作加法式的设计,这是因为缺少对功能必要性的考虑。在对功能必要性进行分析后,我们会发现,很多产品更需要做的是减法式的设计,其作用如下:

A. 成本控制与功能优化。在产品设计中,功能的增减往往受到成本因素的直接影响。某些功能的削减并非基于用户需求的缺失,而是出于控制产品成本的考量。例如,为低收入消费者设计的无线通话手机,可能在保持基本通信功能的同时,通过精简非核心功能来降低成本,从而提供更加经济实惠的选择。

B. 提升操作便捷性。多功能设计虽能增强产品的实用性,但也可能增加操作复杂度,对特定用户群体(如儿童、老年人)构成挑战。因此,在设计面向这些用户的产品时,应优先考虑降低操作难度,通过简化功能布局和操作流程,确保产品的易用性。

C. 简洁设计风格的追求。对于以简洁设计风格为主的产品而言,过多的附加功能不仅与整体设计理念相悖,还可能削弱产品的视觉美感。因此,在设计中应严格筛选功能元素,确保每一项功能都与产品的核心价值和设计风格高度契合,避免冗余功能的堆砌。

D. 满足特殊用户需求。针对特定用户群体(如视障人群)设计产品时,需充分考虑其特殊需求,对传统功能进行适应性调整或创新。以视障人群手机为例,虽摒弃了屏幕显示等传统视觉功能,但通过引入语音提示、触觉反馈等替代方案,确保用户能够准确获取手机输入与输出的信息,从而满足其特殊需求。这一过程中,关键在于准确识别并满足用户的本质需求,而非拘泥于传统功能的实现形式。

4. 功能分解

功能分解的过程不仅关注产品整体功能的实现路径，更深入各个部件层面，明确各部件在功能实现过程中的具体贡献。产品往往由多个相互关联的部件组成，实现某一特定功能往往需要多个功能元件的协同工作及一系列有序的步骤。因此，功能分解旨在识别并剖析这些组成要素，通过细化功能单元，探索实现目标功能的多样化途径。同时，这一过程也强调了各部件间的协调配合，确保它们在整体功能实现过程中的无缝衔接，共同推动产品达到预期的性能指标与使用效果。

通过功能分解，设计者的思维脉络得以清晰展现：设计者如何巧妙构思各元件的设计与组合策略，以精准实现多样化的功能需求；同时，面对产品内部复杂的功能交互网络，设计者又是如何精心协调各功能间的关系，确保它们和谐共生，共同支撑起产品的整体效能，最终实现精准对接用户需求的目标。这一过程不仅体现了设计者对功能逻辑的深刻理解与精准把握，也彰显了其将创意构想转化为现实产品的卓越能力。功能分解在设计过程中的作用如下：

第一，功能分解具备强大的创新潜力，能够重塑产品体系结构或催生全新的功能解决方案。通过细致的功能拆解与重组，设计师能够突破传统框架束缚，探索产品设计的无限可能，为产品创新注入不竭动力。

第二，面对复杂设计挑战，功能分解无疑是设计师的首选策略。它引导设计师以系统化的视角审视项目全局，确保设计过程的完整性与逻辑性。通过逐步拆解与细化功能需求，设计师能够有条不紊地推进项目，使每一个设计环节都紧密围绕核心目标展开。

第三，通过拆解产品部件并逐一分析其功能与运作原理，设计师能够深入产品内部，洞悉其复杂性与操作机制。这一过程不仅有助于提升设计师对产品的全面认知，还能为后续的改进与创新奠定坚实基础。

功能分解可图示为树状的功能结构，称为功能树或功能系统图。功能树起于总功能，逐级进行分解，其末端为功能元。根据产品开发的范围和深度，功能系统图有简单与复杂之分。

（三）功能的设定原则与表现形式

1. 功能的设定原则

（1）产品的功能设定要符合产品的定位，要与用户的需求相一致。
（2）设定的各个子功能要与整体功能的设定相一致。
（3）产品功能的设定要能够量化。

以照明产品为例，设计者需要明确、量化产品的功能，包括照明的亮度、照明的范围、照明的使用时间跨度、照明的亮度是否需要调节以及调节的级数等。

（4）产品功能的设定要完整、明确。首先，要清晰界定产品各项功能之间的逻辑关系，这是构建功能体系框架的基础。其次，需精确锁定功能设计的核心焦点，即那些能够彰显产品独特价值的设计亮点或卖点。这些亮点未必直接体现于产品的整体功能范畴，它可能深藏于支撑整体功能的某一关键子功能或附属功能之中。因此，设计策略应关注这些关键设计元素，合理分配设计资源，以确保设计工作的高效推进。以手电筒为例，其基本照明功能是设计的基础，但真正吸引用户并体现设计创新之处，可能在于如何有效解决电池闲置浪费及环保问题，如通过智能电池管理系统或环保型可循环电池的应用，不仅优化了用户体验，也展现了设计对可持续发展的深刻考量。

2. 功能设定的表现形式

表达形式可涵盖文字描述、图表展示、图文结合乃至动态演示等多种形式，旨在准确传达调查与分析结果。鉴于产品功能系统的复杂性，推荐采用文字与图表相结合的方式，如功能系统图，可条理清晰、直观易懂地呈现功能设定。在设计流程的不同阶段，可根据实际需要和项目特性灵活选择和调整表达方式，以最大化信息传递效果。

此外，产品说明书作为连接产品与用户的桥梁，也是功能设定表达的重要载体。它详尽阐述了产品的操作原理，并对所有与用户操作直接相关的功能设定进行了全面而细致的说明。通过阅读产品说明书，用户能够深入了解产品的各项功能及其使用方法，从而更好地发挥产品效能。因此，深入研读各类产品说明书，对于深入理解功能设定具有重要意义，同时也为设计师提供了宝贵的参考，有助于他们在设计过程中更精准地把握用户需求与产品特性。

第三节　产品开发中的实践案例分析与创新应用

一、情感化设计：老年人产品开发设计实践

在人口老龄化程度逐渐加深的社会背景下，老年人群体受到越来越多的关注，推动了老年人产品开发设计的发展。注重情感化设计是如今产品开发设计领域的一大发展趋势，以下从情感化设计理论出发，以老年用户为核心，通过对老年人生理及心理特点的分析，结合现有老年人产品的情感化设计实例进行了一系列研究讨论，总结提出了开发设计老年人产品的情感化设计原则，为老年人产品情感化设计提供了新的理论思路。

（一）老年人群体特征分析

1. 老年人生理特征

随着年龄的增长，老年人面临一系列身体机能的自然老化过程，这一过程在认知、感知及行为三个维度上尤为显著。

（1）认知能力。老年人的认知能力逐渐衰退，这主要体现在与高级智能加工紧密相关的大脑功能上。学习新知识的速度减慢，记忆力的减退尤为明显，无论是短期记忆还是长期记忆都受到不同程度的影响。同时，思维判断能力的下降也限制了老年人处理复杂问题和做出决策的能力。这种认知能力的衰退，直接影响了老年人对信息的接收、处理及整合效率。

（2）感知能力。感知能力的减弱是老年人面临的另一个挑战。在视觉方面，老年人可能出现视力模糊、对光线的敏感性降低等问题；听觉上，对高频声音的识别能力下

降,对声音的分辨力和理解力也受到影响;触觉上,对温度、压力等刺激的敏感度降低。这些变化都使老年人在日常生活中需要更多的辅助和关注。

(3)行为能力。随着年龄增长,老年人的肌肉力量和耐力逐渐减弱,这直接导致他们在进行日常活动时感到吃力。长时间站立或行走后容易感到疲劳,保持平衡和协调的能力也相应下降。此外,肢体灵活度的降低使老年人难以完成一些需要精确控制和协调的动作,增加了跌倒等意外事件发生的风险。

2. 老年人心理特征

老年人生理机能的老化不仅带来身体上的不适,还深刻影响其心理健康。随着身体机能的衰退和疾病的侵扰,老年人在居家养老中常缺乏安全感,担心意外发生而无人及时救助。同时,退休后社交圈子的缩小和家庭结构的变化,使许多老年人感到孤独与焦虑,缺乏亲人的陪伴与理解,进一步加重了心理负担。因此,关注老年人的身心健康,提供全方位的支持与关怀显得尤为重要。

(二)老年人产品情感化设计原则

1. 本能层的设计原则

优秀的产品设计需瞬间吸引用户目光,这往往源自对人性本能的深刻理解与巧妙呼应。针对老年人群体,产品设计的本能层次尤为关键,它要求设计师深入洞悉老年人的独特特征与偏好,将这份洞察融入设计之中。通过细腻考量老年人的色彩偏好、材质触感、操作便捷性等多方面需求,设计师能够创造出既符合老年人审美习惯,又便于他们轻松上手的产品,从而真正实现设计的人性化关怀与适老化创新。

(1)亲切性原则。随着时代变迁,我国经济社会迅猛发展,通信设备经历了从书信到全屏幕手机的飞跃式演变。这一历程对当代老年人而言尤为深刻,他们见证了每一次技术的革新。然而,面对身体机能与认知能力的自然衰退,过于前卫的产品外观往往让老年人感到陌生与排斥。因此,在老年产品本能层次的设计中,应充分考虑这一群体的特殊需求,采用他们相对熟悉且易于接受的产品形态,以此减轻其认知负担,激发其积极的使用意愿。亲切性设计不仅关乎外观的熟悉度,更在于营造一种被理解、被尊重的情感体验,让老年人在使用过程中感受到温暖与安心。

(2)简洁性原则。简洁强调的是视觉表现上的精练与纯粹,而非形式上的简单堆砌。考虑到老年人感官与智力的衰退,过于复杂的设计不仅会增加他们的学习成本,还可能成为使用障碍。因此,设计师应遵循简洁性原则,对产品的形式、功能、审美、心理体验等多方面进行综合考量,力求在去除冗余元素的同时,保留产品的核心价值与美感。

这样的设计不仅能够提升产品的整体品质，还能让老年人在使用过程中感受到人机之间的和谐统一，享受更加流畅与愉悦的体验。

2. 行为层的设计原则

产品行为层次的设计，作为产品核心价值的具体体现，深刻影响着用户的使用体验与产品功能的实现。优秀的行为层次设计，不仅确保了产品功能的可见性与易用性，使用户能够直观理解并熟练操作产品，更在无形中增强了用户对产品的掌控感与自信心。这一设计哲学强调用户在使用过程中的流畅体验与高效达成目标的能力，其成效直接反映在用户使用前后的满意度评价中。因此，行为层次的设计不仅是产品功能与性能优化的关键所在，更是衡量产品设计成功与否的重要标尺。

（1）安全性原则。随着岁月的流逝，老年人群体的生理机能逐渐衰退，动作协调性与灵活性显著下降，加之可能伴随的多种慢性疾病，使他们在应对突发状况时反应更为迟缓，运动能力受到极大限制。在此情境下，老年人在使用日常产品时，任何微小的安全隐患都可能转化为实质性的健康威胁，因此，他们对于产品的安全性要求异常严苛。针对这一特殊需求，产品设计必须全面融入安全考量，彻底排查并消除所有潜在风险点。在造型设计层面，倾向于采用流线型、圆润边角的设计语言，以减少老年人因意外碰撞而受伤的风险；交互设计则需紧密贴合老年人的认知习惯与操作能力，通过简化步骤、直观引导，降低使用门槛，并避免引入如弯腰、负重等可能加重身体负担的操作方式，确保产品使用的便捷与安全。同时，材料选择上坚持绿色环保原则，优选纯天然、无污染的材料，以保障老年人的身体健康。此外，设计师还需深入洞察老年人生活中的潜在危险，如摔倒、突发疾病等紧急情况，通过集成紧急呼叫、防滑设计、健康监测等智能化功能，为老年人提供更加全面、贴心的安全保障，让他们在享受科技便利的同时，也能感受到无微不至的关怀与保护。

（2）实用性原则。对于老年人产品而言，实用性更是不可或缺的核心要素，因为它直接关系到老年人日常生活质量的提升。考虑到老年人独特的生理与心理特征，设计师需深刻理解这一群体的多重需求：身体机能的逐渐衰退要求产品必须易于操作、安全无忧；心理层面的脆弱与孤独感则呼唤着产品能够给予温暖的情感慰藉。因此，设计师在设计老年人产品时，必须精准捕捉并回应他们的真实生活需求，确保产品功能不仅贴合老年人的生理特点，如简化操作流程、增强安全防护，还要触及他们的情感世界，通过人性化的设计语言传递关爱与陪伴，从而激发老年人使用产品的积极意愿，帮助他们重拾生活的乐趣与自信。这一过程，实质上是对老年人生活痛点的深刻洞察与细致解决，是设计师以同理心为引领，从实际需求出发，为老年人量身定制高品质生活解决方案的过程。

（3）易用性原则。老年人作为特定用户群体，其生理与心理特征对产品的易用性提出了更高要求。他们虽不排斥新科技，但面对操作复杂的产品时，往往因学习难度高、记忆力减退及手指灵活度下降等因素而心生畏惧，进而影响使用意愿。因此，设计老年人产品时，必须深刻把握易用性的三个关键维度：易操作性、易学习性与易理解性。这意味着产品设计需紧密贴合老年人的群体特征与认知习惯，通过简化操作流程、引入一键式便捷操作、减少冗余功能与步骤，确保产品直观易用，减少认知与学习负担。同时，设计应充分考虑容错机制，即使老年人操作失误也能轻松纠正，避免因操作不当而带来的挫败感。在此基础上，产品说明与界面设计亦需清晰明了，便于老年人快速掌握使用方法，使其在初次接触时便能感受到产品的友好与贴心，进而激发其持续使用的兴趣与热情，享受科技带来的舒适与愉悦。

3. 反思层的设计原则

产品反思层的设计本质上是对用户体验的深度挖掘与升华，它关乎用户对产品或服务所产生的独特情感反馈，这种反馈往往受到个体文化背景、心理特质等多重因素的影响，呈现出高度的个性化与差异性。针对老年人这一特殊群体，其性格特质中既蕴含了对新鲜事物的好奇与探索欲，又交织着敏感细腻的情感世界。因此，在老年人产品的开发设计中，深刻洞察并精准把握这一群体的情感需求尤为重要。通过反思层的设计，设计师应致力于创造能够与老年人产生情感共鸣的产品体验，让产品不仅是物质上的工具，更是心灵上的慰藉与陪伴。这样的设计，将促使老年人在使用产品的过程中，不仅能够享受到便捷与舒适，更能感受到来自产品背后的关怀与尊重，从而实现情感层面的满足与升华。

（1）去标签化原则。标签化现象往往将人群简化为特征单一的群体，如"胖子""瘦子"等标签，忽略了每个人的独特个性。在老龄化社会背景下，老年人群体尤为敏感，他们虽身体机能下降，但仍对新鲜事物充满好奇，不愿被"老年人"标签所限。因此，产品设计应避免强调其特定用户群体，通过人性化设计，让产品自然融入老年人生活，避免给他们带来消极情感体验。

去标签化设计原则在老年人产品中的应用，旨在消除对老年人的刻板印象，尊重每位老年人的个体差异与需求。通过简洁直观的操作界面、符合老年人认知习惯的功能布局，以及温馨的提示与关怀设计，让老年人在产品使用过程中感受到尊重与认同。这种设计不仅提升了产品的易用性，更促进了老年人自信、快乐地享受科技带来的便利，实现了自我价值与融入社会的双重提升。

（2）情感关怀原则。在老年产品开发设计中，深刻理解并回应老年人的心理需求与情感体验至关重要。作为社会中的特殊群体，老年人面临着身体机能随年龄增长而衰退的现实，这往往伴随着焦虑与不安的情绪，从而加深了对情感满足的渴望，如陪伴的温馨与自我价值的认同。因此，设计过程中，功能需求的满足仅是基础，更需注重情感层面的关怀与体验优化。

产品设计应秉持"以老人为本"的原则，致力于增强老年人使用新产品的自信心，确保操作简便、直观，减少挫败感。同时，通过细节设计传递温暖与尊重，如温馨的提示信息、符合老年人审美偏好的色彩搭配等，让老年人在使用过程中感受到被重视与关怀。这样的设计理念，不仅提升了产品的整体价值，也激发了老年人积极的生活态度，真正实现了对老年人情感世界的细腻呵护。

（三）老年人产品的情感化设计策略

当产品要素满足用户所需的情感时，产品会给用户带来更好的情感体验。人类情感有三个层次：本能、行为和反思。当推出新产品时，通常会先通过产品的外观吸引用户的注意，引起用户的兴趣，进而通过用户在使用产品时产生的情感体验来帮助他们理解产品并赋予产品价值。产品不同层次的设计表达会给用户带来不同的情感体验，因此在老年人产品设计中，充分运用情感化设计理念可以帮助设计师提升老年人产品设计的品质。

1. 本能层设计策略

产品本能层次的设计直接关联着用户最直观的情感体验。在这一层次中，产品的造型、色彩、材质等元素共同编织出一幅视觉盛宴，触动着用户的感官神经，引发即刻的情感共鸣。优美的造型线条，不仅勾勒出产品的独特形态，更在无形中传递出设计师的审美理念与情感倾向；和谐的色彩搭配如同调色盘上的魔法，能够瞬间唤醒用户内心深处的情感色彩，或温暖如春日阳光，或冷酷似冬日寒风；而材质的精心选择，则赋予产品以触感的语言，让用户通过指尖的触摸，感受到产品的质感与温度，进一步加深了对产品的认知与情感链接。这一系列感官刺激的综合作用，不仅塑造了产品独特的个性魅力，更在用户心中种下了良好的情感体验种子，为后续更深层次的与产品的互动奠定了坚实的基础。

2. 行为层设计策略

一款杰出的设计，不仅需拥有令人赏心悦目的外观，更需兼备实用而强大的功能以及科学合理的结构布局。在行为层次的设计中，"好用、耐用、高效"被奉为圭臬，它们共同构建了产品价值的坚实基础。用户在与产品的每一次互动中，都能深切感受到其带来的实用便捷与高效运作，这种体验不仅满足了用户的基本需求，更激发了深层次的情感共鸣。产品以其实用性解决用户痛点，以易用性降低操作门槛，以高效性提升使用体验，三者相辅相成，共同促成了用户行为层次上的高度满意与情感满足，让每一次使用都成为一次愉悦的体验。

3. 反思层设计策略

反思层面是用户体验的深层次反馈，它体现在用户对产品使用的直观感受中，这种感受超越了功能本身，触及情感共鸣。在这一层次，设计不仅仅是物质形态的构建，更是情感交流的桥梁，它能够微妙地传达人与人之间的温情与理解。优秀的反思层次设计，能够让用户在使用产品的过程中，深切感受到设计师倾注的情感与关怀，使产品仿佛拥有了生命，传递出温暖人心的情感温度。

针对老年人产品开发设计，设计师应融合多种设计理论与方法，以情感化设计为核心指引，巧妙运用现代科技手段，精心打造老年人与产品之间的互动体验。这不仅要求产品功能贴合老年人的实际需求，更要关注他们在使用过程中的情感变化，确保每一次操作都能带来愉悦与满足。同时，设计应鼓励老年人与周围环境产生积极互动，促进他们与家人、朋友及社会的紧密联系，从而在丰富他们的精神生活的同时，提升晚年生活的幸福指数与舒适度。通过这样的设计，老年人不仅能够享受到科技带来的便利，更能在与产品、他人及环境的和谐共处中，实现自我价值的再发现与再创造。

二、非遗传承视角下竹编产品开发创新设计

竹编艺术不仅是非物质文化遗产的重要组成部分，更是承载民族记忆与文化精髓的重要载体。面对现代工业化的冲击，竹编工艺的传承与发展遭遇了前所未有的挑战。为了在快速变迁的时代背景下延续这份文化血脉，需深入挖掘竹编内在的文化底蕴与美学价值，将其与现代设计理念巧妙融合。通过创新设计策略，如开发竹编文化创意产品，探索竹编元素与现代生活用品的跨界结合，运用色彩、材质与表面处理（CMF）设计提升产品质感，引入模块化设计理念增强产品的灵活性与个性化定制能力，乃至开发竹编教育产品以普及技艺、培养后继人才，多维度促进竹编文化的传承与创新。这一系列举措旨在赋予竹编新的生命力，使其既保留传统韵味，又不失现代气息，从而在激烈的市场竞争中脱颖而出，成为连接过去与未来的桥梁，共同守护与弘扬这份宝贵的非物质文化遗产。

（一）竹编非遗传承的重要性

竹编艺术是我国第二批国家级非物质文化遗产的瑰宝，其独特的美学价值与深厚的文化底蕴，蕴含着丰富的历史记忆与人文情怀。面对现代化进程的加速推进，竹编技艺的传承面临前所未有的挑战，传承的重要性不言而喻。竹编非遗传承的核心，不仅在于技艺本身的延续与保护，更在于它所承载的文化基因与创新精神的传递。它不仅是中华民族传统文化的重要组成部分，更是连接过去与未来的文化桥梁，体现了中华民族的文化自信与创新活力。因此，加强竹编非遗传承，不仅是对传统技艺的尊重与保护，更是对中华文化根脉的坚守与弘扬，对于促进文化多样性、激发文化创新具有重要意义。

竹编非遗传承的深化，不仅是对中华传统文化自信的强化，也是提升国家文化软实力的有效途径。它不仅能够激发民族自豪感，促进文化交流与认同，还对地方经济与文化旅游产生积极辐射效应，为区域发展注入新活力。然而，当前竹编非遗传承正面临多重挑战与困境，包括技艺传承断代、市场需求变化、资源投入不足等，这要求我们必须采取更加全面、系统的保护措施，加大宣传力度，拓宽传承渠道，鼓励创新实践，以科技赋能传统工艺，共同推动中国非遗事业迈向新的繁荣阶段，确保这份宝贵的文化遗产得以永续传承，焕发新的时代光彩。

（二）竹编产品创新策略

1. 竹编文创产品

竹编文化是东方美学的典范，深刻体现着中国传统文化的韵味与意境，是传承千年的造物智慧结晶。竹编文创产品，作为这一文化的现代演绎，不仅是文化传递的桥梁，更是手工艺精神的生动展现。设计师巧妙地将文创主题融入竹编艺术之中，通过精细的编织技艺，将博物馆造型、文化图标等创意元素转化为竹编画，装饰于收纳盒、笔筒等日常用品之上，赋予产品独特的文化内涵。此外，缩小版的传统用具、特色建筑造型，以及瓷胎竹编与陶瓷文创的完美结合，更是展现了竹编文创产品的多样性与创新性。这些富有创意的载体，不仅承载了设计师对文化的深刻理解与独特表达，更以其独特的市场价值，激发了公众对非遗文化的兴趣与保护意识，促进了非遗文化的广泛传播与深入理解。

2. 竹编与现代产品有机结合

在当代产品设计中，科技的飞速发展往往不经意间拉远了人与自然之间的距离，而竹编元素的巧妙融入，则为这一现状带来了转机。竹编，以其独特的自然美感与质朴韵味，不仅能够为现代产品增添一抹清新与温暖，更能在科技的冷硬之中注入生命的律动，调和人与科技之间的疏离感。在家居领域，竹编与桌椅、灯具、壁挂装饰及储物盒等实用器具的融合，不仅保留了产品的功能性，更赋予其自然、和谐的艺术气息，成为连接人与自然、人与家居空间的桥梁。同样，在时尚配饰的世界里，竹编的纹理与色彩被巧妙应用于提包、帽子、手镯及项链等饰品中，不仅提升了产品的独特韵味与时尚感，更让佩戴者在展现个性的同时，也能感受到来自大自然的温柔拥抱。这种融合自然美与现代设计的创新实践，正是科学与艺术、技术与人性的完美交融，让每一件产品都充满了生命的力量与美的追求。

现代家庭装饰品，诸如墙饰、装饰性花盆、装饰墙板及屏风等，以其独特的艺术魅力点缀着室内与室外空间，为居住环境增添一抹亮色。将竹编的传统美感与现代设计的创新思维相结合，这些装饰品不仅承载了深厚的文化底蕴，更展现出别具一格的审美情趣。同时，在家电与科技产品的设计中融入竹编元素，如在外壳或局部面板采用竹编材料，不仅能够赋予产品以自然的质感和温暖的触感，还能为冰冷的科技产品引入一抹人性的温暖，让产品不仅仅是功能的载体，更成为连接人与自然、过去与未来的桥梁，展现出科技与艺术的和谐共生。

（三）竹编融入产品 CMF 设计

CMF 设计，即色彩（Color）、材料（Material）、表面处理（Finishing）的综合运用，为产品设计提供了无限创意空间。将竹编独特的编织肌理与多元样式融入其中，能赋予产品独特的视觉体验与触感。在色彩层面，竹子天然色彩的多样性为设计提供了丰富的选择，无论是保持其原有清新淡雅的色泽，还是通过染色、烟熏等工艺赋予其独特韵味，都能深刻影响产品的整体氛围，浅色传递宁静，深色则彰显沉稳。材质方面，竹子的种类与质地差异显著，光滑与粗糙并存，为从产品带来多样化的触感与视觉效果，适应不同风格需求。此外，竹编与其他材质的巧妙结合，如皮革的温暖、布料的柔和、金属的冷峻，进一步丰富了产品的层次与质感，创造出多元而和谐的视觉效果。至于纹理，竹编的编法繁多，每一种编法都蕴含着独特的艺术语言，从平编到斜纹，从六角孔到十字孔，不同的编法交织出丰富的图案与纹理，为产品增添无限的艺术魅力，使其不仅具备实用功能，更成为一件件令人赏心悦目的艺术品。

设计人员通过采用不同编法与不同材质结合，并搭配不同的色彩，对竹编产品进行设想，寻找竹编以 CMF 的角度融合到现代产品的可能性。

1. 平编法

平编法以其简洁的横纬与经纬交织为特色，展现出质朴之美。设想中，我们采用适中粗细的竹篾，与色彩柔和的塑料材质巧妙结合，并融入可爱的耳朵造型元素，设计出一款桌面收纳产品。此 CMF 设计旨在营造温馨而灵动的居家氛围，让传统竹编焕发新生。

2. 十字孔编法

十字孔编法通过其独特的孔洞排列，不仅增强了竹制品的装饰性，还赋予了透光性，创造出变幻莫测的光影效果。结合抛光金属材质，设计一系列桌面用品，如植物架、文具盒或废纸篓，两种材质的鲜明对比赋予了产品强烈的现代感，使传统竹编焕发出现代艺术的光彩。

3. 斜纹编法

斜纹编法以其对角线纹理营造出独特的动态美感，适用于各种装饰物品中。设想中，可以采用宽幅竹篾编织，与深色亚光金属材料相结合，设计一款吊灯。通过材质轻重、色彩冷暖及纹理光滑与编织的对比，打造出既时尚又不失自然韵味的照明艺术品。

4. 六角孔编法

六角孔编法以其规则的六边形孔洞展现出几何之美，为设计增添一抹独特的视觉亮点。设想中，选用淡雅的木材作为基底，结合深浅两色的竹编（采用六角孔编法于靠背部分），设计出一款既简洁又精致的椅子。坐垫则采用双色平编法，整体造型和谐统一，既舒适又美观。

5. 乱编法

乱编法以其看似无序实则蕴含自然韵律的编织方式，打破了传统竹编的线性与几何规则，展现出一种随性的美感。将其应用于座椅坐垫的设计中，不仅能够带来独特的触感体验，还能让人们在日常使用中感受到一份来自自然的宁静与和谐。这种无拘无束的编织艺术，为现代家居生活增添了一抹不可多得的创意色彩。

竹编艺术通过色彩、材质与纹理（CMF）的巧妙融合，在产品设计领域展现出前所未有的丰富潜力。其色彩与纹理的多样性，加之与其他材质的灵活搭配，不仅创造了视觉上的对比与和谐，更在保留传统韵味的同时融入了现代审美。这一设计趋势不仅赋予了竹编产品新的生命力，也预示着竹编产业在创新道路上的广阔前景。面对市场变迁与文化传承的双重挑战，竹编产业正通过持续创新、技艺传承与跨界合作，不断焕发新的活力。未来，竹编产品的创新设计有望引领社会创新与文化多元性的新潮流，同时在国际舞台上彰显中国非遗文化的独特魅力,为中华文化的传承与发展贡献重要力量。

三、基于博物馆资源的文化创意产品开发设计

博物馆作为文化资源的宝库,汇聚了丰富的文物典藏,为文化创意产品的开发提供了无可比拟的资源优势。这些独特的文化资源,不仅承载着深厚的文化底蕴,还因其可利用性和可开发性,成为文创产品设计创新的源泉。通过生活化、功能化、实用化及艺术化的转化,博物馆文创产品得以将典藏文物元素融入大众日常生活,不仅满足了人们的文化消费需求,更成为传播文物文化精神、历史意义与艺术价值的重要媒介。博物馆文化资源的独特性,赋予了文创产品不可替代的特色与价值,使其超越了一般商品的范畴,成为连接过去与未来、传承与创新传统文化的桥梁。若缺乏文化资源支撑,文创产品的"文化性"将无从谈起,其设计创新亦难以为继,仅能成为短暂的商业泡沫,难以长久发展。

(一)博物馆文化创意产品开发的优势

1. 藏品资源为文创产品的设计提供核心灵感

博物馆相较于初涉文化创意产业领域的企业组织,其显著优势在于拥有庞大且深厚的藏品资源,这些藏品不仅跨越时代,承载历史变迁的痕迹,更是社会意识与情感记忆的载体,为文创产品的开发提供了源源不断的创意灵感。成功的文创产品,其核心在于精准把握大众需求,深入挖掘藏品背后的文化价值与故事,同时紧跟市场动态与消费趋势,以此为基础探索新颖的创意点。这一过程要求开发者不仅需具备深厚的文化素养与敏锐的市场洞察力,还需巧妙地将藏品元素与现代设计理念相融合,创造出既符合时代审美又蕴含深厚文化底蕴的文创佳作。下面通过分析博物馆藏品资源,提供两点创意来源:

第一,找出博物馆馆藏中最能够吸引大众注意力,或者经调查得出的最能满足大众审美需求的前十名的图像、物件等,将藏品中有意思、具识别性的元素抽离出来,然后将其转化为具商业吸引力的设计。

第二,深入挖掘博物馆藏品的特色信息,可以从两个方面去考虑:一是针对藏品艺术性的图案、造型、颜色、意蕴等元素进行提取,传递给消费者某种情境或者感受;二是充分了解藏品背后工艺的运用,以此来充分展现藏品的文化特色。

文创产品的成功开发,不仅赋予了藏品新的生命力,使其以更贴近现代生活的方式

呈现于公众面前，也极大地促进了藏品价值的深度挖掘与广泛传播。随着科技的飞速发展，博物馆馆藏资源的数位化进程加速推进，这一变革打破了传统资源获取与传播的限制，使藏品信息得以跨越时空界限，面向全球公众开放共享。博物馆通过提供藏品的高清图片、详尽文字介绍、生动视频资料及丰富的教育材料，为文创设计师构建了庞大的素材库，极大地拓展了设计创作的边界。

在此背景下，博物馆文创产品的设计需深入挖掘藏品的文化内涵与情感价值，熟悉并理解博物馆的历史脉络与藏品的深层意蕴，以此为基础构建设计情境，增强设计的感染力与表现力。设计师需巧妙运用馆藏资源的独特元素，结合现代审美与市场需求，创造出既具文化深度又不失时尚感的产品。同时，探索能够触动消费者情感的心理策略，将博物馆的文化精髓与人文精神通过文创产品，跨越时空界限传递给每一位使用者，让博物馆的文化意涵在现代生活中得以传承。

2. 学术资源为文创产品的设计提供依据

博物馆作为文化传承与创新的重要平台，不仅汇聚了海量的珍贵藏品，更汇聚了一批专业精深、对文物内涵有着深邃理解的学者与专家。这些学术资源构成了博物馆独特的智力支撑，为文创产品的设计开发提供了坚实而科学的依据。通过整合与利用这些学术资源，博物馆能够确保文创产品所承载的文化信息既具有前瞻性，又保持高度的准确性，有效避免了文化误读与扭曲的风险。同时，学者与专家的深度参与，也为文创产品的创意构思、设计方向及文化内涵挖掘提供了宝贵的建议与指导，使产品不仅能够满足市场需求，更能在文化传播方面发挥积极作用。因此，学术资源在博物馆文创产品开发设计中扮演着不可或缺的角色，是推动文化创新、传承与发展的重要力量。

3. 良好的平台建设为文创产品的营销奠定基础

博物馆作为信息与文化的集大成者，其丰富的文化资源和无可替代的公众认知度，为文创产品的销售提供了得天独厚的平台。博物馆商店的设立，正是依托这一平台优势，旨在通过官方渠道推广文创产品，增强消费者对产品权威性的认可。随着数字时代的到来，媒体与博物馆的深度融合进一步加速了文创产品的市场化进程。众多博物馆纷纷拥抱互联网，通过建立官方文创产品销售网站，将传统线下销售模式拓展至线上，实现了营销渠道的创新与升级。这一转变不仅打破了物理空间的限制，使博物馆能够更为主动地触达广大受众，还极大地丰富了展示手段，通过多样化的媒体形式全方位展现馆藏精品及其衍生的文创产品，有效激发了公众的兴趣与购买欲望，推动了博物馆文化的广泛传播与普及。博物馆对于其文创产品营销的促进作用主要体现在以下两个方面：

（1）文创产品展示平台的构建。博物馆不仅在其实体商店内精心布置，为文创产品提供了直观的展示空间，更通过官方网站这一数字窗口，打造了一个全天候、无界限的线上展示平台，让全球观众都能轻松浏览并欣赏到这些融合了传统文化与现代创意的精品。

（2）文创产品互动讨论社区的营造。紧跟社交媒体浪潮，博物馆积极利用这一新兴媒介，主动发布最新文创产品的信息，激发公众的好奇心与讨论热情。例如特别设立的"故宫精品粉丝专页"互动空间，不仅为粉丝群体提供了一个交流心得、分享感悟的平台，也促进了博物馆与观众之间更加紧密、直接的沟通与联系，进一步增强了文创产品的市场影响力和文化辐射力。

（二）博物馆文化创意产品的设计原则

博物馆文创产品除了要体现以上的设计要素之外，还应遵循一定的设计原则，包括品牌识别性原则、系列化原则、适度包装原则、文化性与创新性相结合原则。

1. 品牌识别性原则

品牌识别作为品牌的核心特质，不仅是品牌塑造的战略工具，更是企业宝贵的无形资产。它巧妙捕捉每一次提升品牌认知与辨识度的契机，彰显品牌的独特魅力与卓越品质，从而有效传达品牌的差异化价值。在博物馆文化创意产品领域，实施精准的品牌策略旨在构建并强化博物馆的独特品牌价值，通过富有创意的设计语言，使产品脱颖而出，与市场上同类产品形成鲜明对比，进而赢得公众的广泛认同与青睐，激发其购买意愿。鉴于当前我国博物馆文创产品开发尚处于探索与反思阶段，更应高度重视品牌建设与经营管理，致力于开发具有博物馆特色的原创文化创意产品，以差异化策略在激烈的市场竞争中脱颖而出，为博物馆文创产业的持续发展奠定坚实基础。

成功的品牌识别应具有完整的 CIS 营销配套方案。CIS 主要构成要素有三项：第一，理念识别（MI），为经营理念与企业精神，属于思想、文化的层面；第二，行为层面（BI），对于企业内部人士、组织、制度的管理和对社会大众的公益活动与回馈性行为，属于动态活动层面；第三，视觉识别（VI），将企业识别的精神及差异性，充分地传达给消费者，轻易达成识别与认知的目的，其中视觉识别的传播力与感染性是最为具体、直接的。CIS 的强弱与否，可以说视觉识别起到决定性作用。

由此可见品牌识别对博物馆文创产品之重要性。为实现品牌效应，博物馆文创产品的设计必须深植品牌意识，充分挖掘并凸显博物馆文化资源的独特魅力，勇于突破传统框架，以新颖视角重塑公众对博物馆文化的认知。通过文化创意产品的品牌化策略，博物馆不仅能够实现自身的转型升级，还能有效对接市场需求，将深厚的文化底蕴以现代设计语言呈现给广大消费者，增强品牌的市场吸引力和认同感。在设计过程中，融入高识别度的元素至关重要，这不仅有助于提升博物馆品牌的国际知名度，更重要的是，它承载着延续与弘扬博物馆文化及品牌价值的使命，确保博物馆的精神遗产得以生生不息地传承与发展。

2. 系列化原则

系列化设计策略在博物馆文创产品开发中占据举足轻重的地位，它通过将博物馆典藏文物中的核心元素如经典图案、生动造型、特色色彩等进行提炼与延展，创造出风格统一、主题鲜明的系列产品。这一策略不仅增强了产品的整体协调性和辨识度，还巧妙地借助博物馆的权威性和精选标准，为产品赋予了深厚的文化底蕴和独特的艺术价值。系列产品在设计上紧密围绕博物馆最受欢迎或最具特色的藏品展开，通过精细的图像刻画、造型塑造以及色彩搭配，生动再现藏品精髓，吸引并激发消费者的购买欲望。同时，这些产品在主题设定、类别划分及价格策略上的精心布局，也进一步凸显了博物馆藏品的广泛价值范畴与深远影响。博物馆系列化文创产品较独立产品的优点在于：

（1）设计的整体连贯性。系列化产品设计强调整体的统一与和谐，通过统一的风格与元素运用，展现出鲜明的品牌特色。这种整体性不仅增强了视觉冲击力，还避免了因产品间设计脱节而导致的杂乱无章，确保了品牌形象的连续性和辨识度。

（2）内容传达的深度与广度。系列化产品通过系统化的设计，能够更全面、深入地挖掘并展现文物资源的文化意蕴与艺术价值。相较于单一产品，系列化设计提供了更为丰富和多元的信息载体，有效提升了消费者对藏品背后故事的认知与兴趣，促进了文化的传播与交流。

（3）品牌强化的协同效应。系列化产品凭借其家族式的外观与风格，构建了品牌内部的紧密联系。当消费者对系列中的某一产品产生良好印象时，这种正面情感往往会迁移至整个品牌，增强对博物馆品牌的整体好感度。此外，系列化设计遵循"多样统一"的美学原则，在激烈的市场竞争中脱颖而出，成为提升品牌知名度与影响力的有效手段。

博物馆系列化文创产品的开发设计必须从消费者的现实需求、潜在需求出发，创造其需求，同时引导其需求，最终设计出满足其需求的系列化产品，从而更好地实现产品的价值。通过设计使文化资源融入现代时尚生活中，以一种较为轻松自由的方式，让人们在生活中也能够感受到博物馆的文化艺术，充分体现了文化和艺术的关系。

3. 适度包装原则

在博物馆市场化运营的进程中，媒体宣传策略的有效运用显著提升了"博物馆文创产品"的公众认知度，然而，相较于广告宣传的蓬勃之势，文创产品的包装设计却显得相对薄弱。事实上，包装作为文创产品的直接载体，其重要性不亚于甚至超越广告宣传，因为它直接触达消费者的感官体验，无论是视觉上的吸引还是触觉上的质感，都是广告难以替代的直观感受。博物馆文创产品的包装，不仅是保护产品的物理屏障，更是传递博物馆文化内涵与品牌形象的重要窗口。低劣粗糙的包装无疑会损害博物馆在公众心目中的高端形象，特别是对于高价值文创产品而言，包装的品质直接关系到产品的市场接受度与销售表现。因此，包装设计的视觉形象不仅是设计文化的重要组成部分，更是造物艺术与文化的融合体现。它既是艺术的展现，也是商品的包装，承载着博物馆深厚的文化底蕴与独特的文化品质。综上所述，文创产品的包装不仅是博物馆文化体系的一环，也是其整体文化形象的外在彰显，对于塑造和维护博物馆品牌形象具有不可估量的价值。

在博物馆文创产品的包装设计中，应秉持"适度包装"的原则，旨在平衡产品展示与资源节约之间的关系。过度包装不仅浪费了宝贵的自然资源，增加了生产成本，还可能对博物馆的财务健康构成压力，违背了可持续发展的理念。因此，设计师需精心考量，确保包装既能有效保护产品、提升视觉吸引力，又避免不必要的繁复与奢华。同时，"适度"这一概念具有相对性，其界定标准应随着社会发展、环保意识提升及消费者偏好的变化而动态调整。博物馆作为文化传承与创新的重要平台，更应率先垂范，引领绿色包装潮流，以实际行动践行社会责任，促进文创产业的可持续发展。以下从大众需求和可持续发展的角度针对我国目前博物馆文创产品包装设计存在的问题提出相应的策略：

（1）包装与产品诉求的契合性。博物馆文创产品的包装设计需紧密围绕产品的核心诉求展开，确保包装风格与博物馆的文化特色及产品特性相协调。通过精心提炼博物馆独有的文化元素，并巧妙融入包装设计中，以展现出深厚的文化底蕴与独特的美学魅力。首先，包装上应显著呈现博物馆的品牌标识，强化品牌形象，引导消费者快速识别并产生信任感。其次，针对产品性质的不同，灵活选用适宜的包装材料，如对于小巧且不易损坏的纪念品，可采用透明或半透明材质，既展示了产品全貌，又体现了环保理念，减少了不必要的资源浪费。

（2）人性化包装设计的考量。博物馆作为公共文化服务机构，其文创产品的包装设计亦应秉承以人为本的原则，深度洞察并满足不同消费群体的多样化需求。随着博物馆开放程度的提升，参观者群体日益多元化，这要求包装设计需具备更高的灵活性与包容性，以提供更加贴心、个性化的服务体验。通过多样化、人性化的包装设计策略，如考虑不同年龄段、性别及经济条件的用户需求，设计易于开启、携带与储存的包装形式，确保每位参观者都能轻松享受文创产品带来的愉悦体验。以下就从大众需求的差异性对博物馆文创产品的人性化包装设计进行讨论。

第一，包装设计需遵循人机工学原理，确保消费者在使用过程中的安全与舒适。材料选择、结构设计及色彩搭配等艺术语言的应用，应紧密贴合大众审美与文化偏好，力求与消费者的精神个性相契合，营造和谐统一的使用体验。

第二，针对不同消费目的，包装设计需灵活调整。例如，针对礼品馈赠需求，可借鉴北京故宫博物院的做法，在外包装上标注"来自故宫的礼物"，并配以特色手提袋与标识卡片，增添仪式感与惊喜感，以此作为有效的营销策略。对于自用或代购产品，则应注重实用性与便捷性。

第三，针对不同年龄段（中老年、青年、青少年及儿童）的审美偏好与功能需求，定制化包装设计风格，包括色彩、材质、文字排版及构图等方面的差异化处理，以满足各年龄层消费者的独特需求。

第四，产品说明作为包装设计不可或缺的一环，其人性化设计同样关键。规范清晰的产品说明不仅应包含基本的介绍与提示信息，还应深入挖掘并阐述文创产品的创意来源、独特卖点及文化寓意，以此提升产品附加值，引导理性消费，同时有效传播博物馆文化，塑造并强化品牌形象，实现教育与文化传播的双重功能。

（3）重视产品包装设计的可持续性。可持续设计理念强调在不损害环境、保障人体健康的基础上，积极促进资源的循环利用、自然资源的节约以及能源消耗的降低，实现与自然界的和谐共生。博物馆作为文化传播与资源共享的重要平台，其文创产品的包装设计更应率先践行绿色环保原则，确保从设计到生产的每一个环节均符合环保标准。在设计过程中，应巧妙利用产品自身优势，通过创新设计减少不必要的包装材料使用，同时充分考虑产品的实际用途，采用合理的包装形式，以最小的环境影响实现最佳的包装效果。此外，还应积极选用可再生资源或可降解材料，推动包装废弃物的有效回收与再利用，为博物馆文创产业的绿色发展贡献力量。

适度且精致的博物馆文创产品包装，不仅具备美化外观、保护产品及便于携带的实用功能，更以独特的方式将博物馆的深厚文化底蕴从静态陈列中解放出来，融入人们的日常生活。此类包装设计需紧密契合博物馆的整体品牌形象，从标准包装组件到细微之处如缎带、标签的设计，皆需精心考量，以维护品牌形象的一致性与完整性。包装应成为吸引公众目光的焦点，激发兴趣的同时，清晰传达产品的文化内涵与特色，成为连接博物馆与大众情感的桥梁。通过蕴含丰富文化元素的包装设计，文创产品得以在视觉与心灵层面双重展现其价值，包装与产品相辅相成，共同提升产品的附加价值，实现文化魅力的最大化传播。

4. 文化性与创新性相结合原则

博物馆文创产品的核心竞争力在于其深厚的文化底蕴与无限的创意潜能，二者相辅相成，共同铸就了产品独特的文化与创意附加值。为赢得公众的青睐，关键在于深入挖掘并巧妙融合文化与创意元素，通过视觉形象的"再创造"，将艺术深度与创意广度紧密结合，带来令人耳目一新的视觉体验。每件文创产品不仅是物质形态的存在，更是博物馆品牌历史、经营理念及创意价值的载体，讲述着动人的故事，散发着独特的文化气息与美学韵味。随着市场需求日益多元化，博物馆文创产品在设计上不断追求创新与时尚，旨在满足不同年龄层消费者的多样化需求，将时尚本身塑造为一种文化现象。这种时尚创新不再局限于提供潮流商品，更是惊喜与欢乐的源泉，它挑战传统认知，重塑博物馆文创产品的意义边界，引领新的文化风尚。因此，设计师应在精准把握市场需求与趋势的基础上，持续探索新的创意点，确保产品设计在形式、内容及功能上全面超越公众期待，使之成为连接过去与未来、传统与现代的桥梁。

第七章

计算机与虚拟技术在产品开发中的创新路径

第一节　计算机辅助设计的材质与色彩管理

一、计算机辅助产品开发设计的材质

（一）基于色光的材质设计

1. 材质表现与光的密不可分性

在完全无光的环境中，物体的所有视觉特征都将消失，包括其材质的美感，因为人眼依赖光线来捕捉和解析视觉信息。从光学的角度来看，材质之所以展现出丰富的视觉效果，关键在于其表面如何与光线互动，即光线在物体表面的反射如何刺激人眼。这一过程的核心包含两个要素：首先是光线的存在，它为视觉感知提供了必要条件；其次是材料独特的反射特性，它决定了光线如何被反射，进而决定了人眼所接收到的视觉信息。

为了更深入地理解这一过程，科学界引入了多种光学模型来简化分析。其中，将光分解为红、绿、蓝三原色是最基础且广泛应用的模型。基于这一模型，我们可以将材料的反射特性也相应地分解为对红、绿、蓝三原色的反射能力，从而进行更细致的研究。在计算机辅助材质设计中，这一原理被广泛应用，通过精确调整三原色反射特性的差异，可以模拟并创造出各种复杂的材质效果。

2. 色光基础上的材质参数模型构建

与光线的三原色相对应，材质也被赋予了独立的环境反射、漫反射和镜面反射颜色成分。这些成分分别代表了材质对环境光、漫反射光和镜面光的反射能力，是材质参数模型中的关键组成部分。通过这些参数的设置，我们可以精确地控制材质在不同光照条件下的表现，从而模拟出更加逼真的视觉效果。

3. 材质参数的调整与常见物质模拟

基于上述的材质模型，可以通过实验的方法，调整模型中的环境反射色（ambientC）、漫反射色（diffuseC）、镜面反射色（specularC）以及光泽度（shininessC）等参数，来模拟出各种常见的物质效果。这一过程需要严谨的实验设计和精确的参数调整，以确保模拟结果的准确性和真实性。通过不断地调整和优化这些参数，我们可以创造出更加逼真、更加多样化的材质效果，满足各种应用场景的需求。

（二）基于纹理映射的材质设计

1. 纹理映射原理

基于色光的材质设计很好地说明了计算机辅助材质设计的基本原理，但是在实际设计过程中更多地使用纹理映射来实现材质设计，这是由于通过调节基本材质参数而得到的材质，物体就会表现出一定的真实感。

2. 材质贴图法

以材质设计为目的的贴图称为材质贴图。其主要贴图类型如下。

（1）Bitmap 纹理映射技术。Bitmap 纹理映射作为一种直接且高效的贴图方法，其核心在于利用预设的纹理坐标系统，将预制的图像（即 Bitmap）精确地映射至物体表面。这一过程确保了纹理图案与物体几何形状的完美契合，实现了纹理的精确布局与呈现。

（2）高级材质模拟贴图。为了进一步提升材质表现的真实性与丰富性，高级材质模拟贴图应运而生。这类贴图通过内置的复杂算法，能够模拟出诸如大理石、水、木材乃至烟雾等多种自然或人工材质的外观特性。用户通过调整贴图的相关参数，如颜色、纹理密度、光泽度等，可以高度还原材质的质感与视觉效果，达到以假乱真的地步。

（3）效果增强型贴图。效果增强型贴图专注于通过程序化手段生成特定的视觉效果，以丰富场景的表现力。这类贴图包括但不限于噪波（Noise）贴图，用于模拟自然界中的随机纹理变化；以及凹痕（Dent）贴图，用于模拟物体表面的物理损伤效果。这些贴图的应用，极大地增强了场景的真实感与细节层次，使观者仿佛置身于一个更加真实、生动的三维世界中。

（4）灰度信息驱动的贴图技术。灰度信息贴图，如遮罩（Mask）贴图和凹凸（Bump）贴图，则是利用图像中的灰度值来承载额外的深度或高度信息。遮罩贴图通过灰度值的变化来控制物体原有颜色的透明度，从而创造出复杂的光影层次和视觉效果。凹凸贴图则依据灰度值的差异来模拟物体表面的微小凹凸变化，这种变化虽然肉眼难以直接察觉，却能显著提升物体的立体感和质感表现。这两种贴图技术的结合使用，为三维场景的塑造提供了更为精细和丰富的手段。

3. 贴图坐标

贴图坐标系统采用 U、V、W 三轴作为标识，其中 U 轴对应二维空间的水平方向（类似 X 轴），V 轴代表垂直方向（类似 Y 轴），而 W 轴则垂直于 UV 平面，指向深度方向（模拟 Z 轴），尽管在二维贴图应用中 W 轴不直接显现。为满足多样几何体的表面映射需求，贴图坐标设计了一系列基本类型：Planar 类型实现了图像在平面上的直接平铺；Cylindrical 类型是将图像环绕圆柱体侧面，适用于长条形表面的贴图，但可能带来上下两端的图像扭曲；Spherical 类型则通过完整包裹对象，自然处理图像在顶部与底部的收敛，确保无缝连接；Shrink-wrap 类型类似 Spherical，但在顶部形成独特的单一收口效果，适用于特定形态的表面；Box 类型则从立方体的六个面分别应用平面贴图，全面覆盖复杂几何体；而 Face 类型则依据模型各个面的具体几何特性，逐一精确映射贴图，确保每个细节都能得到最佳展示。这些类型共同构建了一个灵活且强大的贴图映射策略体系。

4. 纹理贴图中间框架

纹理映射技术作为将二维纹理图像无缝融合至三维物体表面的关键工艺，其核心在于构建一个精确且高度可调控的映射流程。针对复杂多变的物体表面，直接进行纹理空间至物体空间的映射往往面临控制难度大的挑战。为此，创新性地引入了中间框架作为转换媒介，实现了映射过程的精细化分解与调控。这一过程巧妙地将传统的单一映射路径（纹理空间直接至物体空间）优化为两步映射策略：第一步，将纹理图像精准映射至一个灵活多变的中间框架（如平面、立方体、圆柱体或球形等），该框架的选择依据物体表面的具体形状与映射需求而定；第二步，再将中间框架上的纹理信息细腻地映射至物体空间，确保纹理与物体表面的完美贴合。此两步映射策略不仅显著增强了纹理映射的灵活性，还大幅提升了映射过程的可控性，使纹理在复杂物体表面的展现更加精确自然，极大地提升了三维物体的视觉表现力和真实感。

二、计算机辅助产品开发设计的色彩

（一）色彩概述

1. 色彩的属性

色彩是一种光的现象，物体的色彩是光照的结果。

（1）色相。色相即色彩的外观特征，构成了色彩的基本面貌。基础色相涵盖红、橙、黄、绿、蓝、紫六类。通过在这些基础色相间插入中间色，可形成更为细致的色相划分，如红至橙间插入橙红，黄至绿间融入黄绿等，进而构建出十二色相环乃至更为细腻的二十四色相环。在色相环中，各色相间隔均匀分布，体现了色彩之间的和谐过渡与对比关系。设计师在色彩选择时需审慎考量，即便是同一色系内的细微色相差异，如朱红、大红与深红，亦能带来截然不同的视觉感受，因此需结合直觉与理性分析，做出最佳决策。

（2）明度。色彩的明度是衡量色彩明亮与暗淡程度的标尺，亦可称为光度或深浅度。掌握每种色彩的标准明度对于色彩的有效运用至关重要。在色轮上，色彩依其明暗程度由黑至白顺序排列，直观展示了色彩的明暗层次。

（3）纯度。纯度亦称作饱和度，是评价色彩鲜艳程度与纯净度的关键指标。它反映了色彩中标准色成分的占比，直接影响着色彩的视觉效果。在自然界中，人眼所能辨识的彩色均具备一定的鲜艳度，但这一特性易受外界条件影响，如光线、空气透明度及观察距离等。具体来说，近观物体色彩饱满鲜艳，而远距离观察时则可能因光线衰减、空气折射等因素导致色彩纯度降低，如近处树叶的鲜绿在远处可能变为灰绿或蓝灰调。

2. 色彩的混合

（1）加色混合。加色混合也称光的混合，是基于色光相互作用的一种混合方式。其核心在于，随着参与混合的色光种类增多，混合后色彩的明度亦随之提升。具体而言，将太阳光中的朱红、翠绿与蓝紫三色光以等量进行混合，能够生成白光，且这三原色光能够组合出光谱中几乎所有的其他色彩，反之，其他任何色彩均无法逆向混合出此三原色光。因此，红、绿、蓝三色光在光学领域中被称为三原色色光，它们是构成多彩世界的基础。

（2）减色混合。与加色混合相对应，减色混合涉及的是物质层面或物体表面的色彩混合，其本质在于色彩吸收与反射的物理过程。此过程主要体现为颜料混合与叠色混合两种形式，均基于色彩物质对光线的选择性吸收与反射。在减色混合中，不同色彩的颜料或物质表面相互叠加时，会依据各自对光谱中不同波长光的吸收特性，产生新的综合色彩效果,这一过程往往伴随着原有色彩饱和度的降低与明度的变化。

(3)中性混合。中性混合色有两种,一种是旋转混合色,另一种是空间混合色。

①旋转混合。旋转混合是指通过旋转圆盘等方式,使两种或多种颜色在视觉上快速交替出现,从而在人的视觉中产生混合效果的现象。这种混合效果并不是颜色本身的混合,而是由于视觉暂留现象和视网膜上颜色刺激的快速交替而产生的。例如,红色和蓝色旋转时可能出现红紫灰色,黄色和绿色旋转时可能出现黄绿灰色等。这种混合方式在色彩心理学和视觉艺术中有一定的应用价值。

②空间混合。空间混合也称为并置混合,是指将两种或多种颜色在空间上并置排列,通过一定的视觉距离,在人的视觉中达到混合的效果。这种方式并不是颜色在物理上的混合,而是由于人的视觉系统对相邻颜色的感知和融合而产生的。空间混合在绘画、设计等艺术领域有广泛的应用,可以创造出丰富而细腻的色彩效果。

(二)计算机色彩表达

1. 色彩定性表达

(1)视觉语言定性表达。面对自然界中纷繁复杂的色彩世界,人类能够辨识的色彩种类远超两百万种,然而,自然语言在直接表达色彩时却显得尤为局限,主要集中于日常生活中常见的色彩范畴。例如,使用"红、橙、黄、绿、青、蓝、紫"等基本色相词汇试图涵盖所有色彩时,每个词汇实际上指代了一个广泛的色彩区域,其内部包含众多细微差异,因此表达上往往带有模糊性、不确定性乃至歧义。为弥补这一不足,自然语言利用其组合性与逻辑性特点,通过如"枣红""火红""暗红""通红"等具体词汇来精准描绘色彩,或是借助"比较红""太红""不够红"等相对性表达,在特定语境下传递更为细腻的色彩信息。

(2)心理语言定性表达。超越对色彩基本属性的简单描述,语言还承载着传递色彩深层心理与生理感受的功能。它不仅能够刻画色彩的色相、明度、饱和度等物理特性,更能深入挖掘并表达色彩所引发的情感共鸣、心理暗示及个体认知差异。通过语言,人们能够交流色彩背后的情绪价值,如温暖、冷静、活力或忧郁等,从而构建起色彩与人类情感、记忆乃至文化之间的深刻联系。这种心理语言的色彩表达,丰富了色彩交流的内涵,使其超越了视觉感官的范畴,成为一种跨越文化与个体的通用语言。

2. 色彩定量表达

为了提升色彩表达的直观性与辨识度,人类根据色彩属性构建了系统的量化表达框架,并发展出量化模型,这一模型通常被称为色立体或色彩空间。在计算机辅助设计领域,色彩空间成为精确记录、生动显示及高效传递色彩信息的核心工具。根据具体应用场景的需求差异，软件开发者可灵活选择适用的色彩空间模型，以确保色彩信息的准确再现与有效沟通，从而推动视觉设计领域的创新与优化。

（三）计算机色彩后期处理

1. 图像色彩效果显示与处理

（1）图像的概念

矢量图是一种采用数学公式描述图形形状的技术，其核心在于将图形拆解为基本几何元素——点、线、面。这类图像编辑软件，如 AutoCAD（由 Autodesk 开发）和 CorelDRAW（由 Corel 公司出品），专注于精确绘图与图形设计。矢量图的显著优势在于其高度的可编辑性，包括元素的移动、缩放、旋转、复制以及属性的灵活调整，如线条粗细与色彩变化。

（2）色彩深度

色彩深度又称像素深度或图像深度，是衡量图像中每个像素点数据量的关键指标，具体表现为像素点所占的位数。这一参数直接关联到图像的色彩丰富度与细节表现能力。同时，显示深度特指显示缓存内用于记录屏幕上单一像素点信息的位数，其值受计算机系统显示模式设置的影响。

（3）色彩分辨率

①图像分辨率。图像分辨率指图像中像素点的密集程度，以每英寸像素点数（PPI）衡量。高分辨率图像意味着更高的像素密度与更大的数据量，通常通过模数转换技术（将模拟信号转化为数字信号）实现图像的数字化。

②显示分辨率。针对显示设备而言，显示分辨率指屏幕上用于显示图像的像素点总数，直接影响图像的清晰度和可视范围。

③分辨率与图像文件大小。图像分辨率与色彩深度的提升虽能增强图像的细节表现与色彩层次，但也会显著增加图像的数据量（即文件大小）。计算公式表明，图像总像素数与色彩深度的乘积决定了文件占用的存储空间，对计算机资源的消耗也随之增加而增加。因此，在图像色彩设计与处理中，需权衡图像容量与色彩效果之间的关系，确保在输入、输出、处理及展示过程中达到最佳平衡。此外，鉴于图像数据量的庞大，有效的数据压缩技术及其对应的文件格式成为提升图像处理效率与存储效率的重要手段。

2. 图像模式用法

在计算机显示器上，色彩呈现依赖红、绿、蓝（RGB）三种基色的混合。因此，在进行色彩设计时，RGB色彩模式成为首选，尤其在Photoshop等图像处理软件中，这一模式通常默认显示在图像界面的标题栏上，或可通过Mode菜单直接切换至RGB模式。然而，对于需打印输出的图像而言，RGB、Lab、HSB及Indexed Color等色彩模式均非理想选择。具体而言，Lab模式虽色彩范围广，但主要限于PostScript Level等特定打印机，普通彩色打印机难以识别；Indexed Color模式色彩受限，仅支持256种颜色，难以满足高质量打印需求；RGB与HSB模式则专为视频显示设计，其色彩空间超越了多数打印机的表现能力，可能导致打印色彩失真。相比之下，CMYK色彩模式专为印刷与打印设计，通过分离图像中的青、品红、黄及黑四色，确保了色彩在打印过程中的准确再现，是打印图像的理想选择。

第二节　计算机辅助装饰设计的流程与处理

一、装饰设计前提

（一）装饰设计的概念

装饰设计是深化物体美学价值的创造性活动，其核心在于巧妙地融合附加元素，重塑物体形态，使之跃升为符合人类审美理想的和谐美学体。这一过程不仅映射了社会文化发展的高阶成果，还深刻体现了文化多元与层次的丰富面貌，是深厚文化底蕴与艺术精髓的具象展现。在产品开发设计的宏大架构中，装饰设计占据着举足轻重的地位，其影响力远远超出了产品开发本身的范畴，广泛渗透至手工艺品与纯艺术设计的独特领域。随着计算机辅助产品开发设计（CAID）技术的崛起，装饰设计迎来了前所未有的革新。该技术依托前沿的理论框架、方法论与系统平台，对产品外观进行极致的雕琢与美化，其过程深度交织于形态塑造、色彩搭配与材质选择中，形成了一个以设计师为驱动核心，持续迭代、精益求精的设计循环机制，力求在每一次迭代中逼近设计的至臻境界。

（二）装饰设计的分类

装饰设计按其空间的分类见表7-1。

表 7-1 装饰设计的分类

分类	内涵	表现形式	归属类别	与装饰设计相关的 CAD 技术
二维装饰	①材质、肌理、图案等 ②产品造型的线型、样式、风格等	二维图形	①表面装饰 ②形态装饰	①图像技术 ②建模、纹理映射、贴图、灯光等三维图形技术
三维装饰		三维装饰		
四维装饰		环境布置		
无装饰的装饰	材质、结构、功能等	材质、结构、功能等特质	无装饰的装饰	建模、纹理映射、贴图、灯光等三维图形技术

在设计中，面对多样化的设计目标，采用恰当的方法与技术手段成为必然之选。以线型装饰为例，它巧妙地运用布尔运算与放样技术，实现对线条的精准勾勒与细腻表达，赋予设计作品以独特的韵律感。标志装饰则侧重于纹理映射与贴图等高级技术的深度融合，通过强化视觉元素的识别度，构建出鲜明而富有冲击力的品牌形象。在此基础上，计算机辅助装饰设计围绕形、色、质三大核心要素，并充分融合装饰工艺的独特魅力，可精炼地划分为三个类别：一是表面装饰，专注于材质、色彩与图案的精细处理，营造丰富的视觉效果；二是形态装饰，通过形态的创新与重塑，展现设计的力量与美感；三是无装饰的装饰，是一种更高层次的审美追求，它摒弃繁复的装饰元素，以极简的设计语言诠释纯粹的形态与质感之美。这三者相互补充，共同构成了计算机辅助装饰设计的多元体系。

(1) 表面装饰领域广泛，涵盖了色带装饰的鲜明对比、标志装饰的视觉标识、纹理装饰的细腻触感以及面板装饰的整体协调。这些手法通过色彩、图案、质感的精心搭配，赋予物体表面以丰富的视觉层次与情感表达。

(2) 形态装饰则深入探索物体形态的无限可能，其两大分支——明显装饰与暗线装饰，各自展现着独特的艺术魅力。明显装饰直接而鲜明，通过线条、形状或图案的显著运用，强调装饰元素的直观呈现；暗线装饰则含蓄内敛，利用形态的微妙转变或隐藏的装饰线索，引导观者深入挖掘设计背后的深意与韵味，拓展设计的深度与广度。

(3) 无装饰设计理念，作为对传统装饰手法的超越，强调设计的纯粹性与功能的极致性。它摒弃了外在的繁复装饰，转而关注产品自身的物理特性、功能布局及人性化设计，通过造型的精准表达、使用功能的优化提升以及人性化结构的巧妙构建，实现设计理念与创造性的深度融合。无装饰设计追求一种简约而不简单的美学境界，它以最纯粹的设计元素，创造出既理性又充满浪漫情怀的作品，引领设计领域向更加纯粹、高效、人性化的方向发展。

传统的信息传达方式及人们的审美习惯都随着时代的更替而发生着变化，现代产品设计中的装饰意味逐渐淡化，对简洁、有效的视觉元素的运用以及视觉效果与个性化设计的有机组合，形成了信息化时代无装饰设计的一大特征。无装饰设计与设计的新观念、新思维、新理念密不可分。

二、装饰设计的流程

在计算机辅助装饰设计系统中，表面装饰作为一种核心手法，广泛应用于产品设计的每一个角落，它精妙地融合了色带、标志、纹理及面板等多重元素，实现了产品视觉与触觉的双重升级。色带装饰以其流动的色彩与鲜明的对比，为产品注入了无限活力与动感；标志文字装饰则通过图形与文字的精妙搭配，构建了强大的品牌识别体系与信息传递网络；纹理装饰则巧妙利用自然与人工的纹理，为产品披上了一袭独特的触感外衣，丰富了视觉层次；而面板装饰，如同产品的华服，注重整体布局与风格的和谐统一，展现了设计的完整性与连贯性。

对于机械产品而言，形态装饰作为艺术造型设计的点睛之笔，通过精心设计的附件融入，既保持了产品主体几何美感的纯粹性，又在细节之处彰显了设计的巧思与匠心。这些附件虽小，却如同龙之点睛，为产品整体造型增添了无限生机与亮点，强化了设计的统一性与协调性。

计算机辅助装饰设计正是设计理念与现代科技的完美融合，它利用先进的计算机辅助工具，极大地提升了设计过程的效率与精度。面对产品设计领域的广泛性与多样性，虽然设计流程难以一概而论，但装饰设计流程本身则展现出高度的普遍性与独立性。它遵循着设计思维的共通规律，同时又鼓励设计师在遵循这些规律的基础上，发挥无限创意，实现个性化表达与技术创新的完美结合。在探索计算机辅助装饰设计的道路上，我们应当灵活运用这些特性，勇于创新，以创造出既符合市场需求又充满艺术魅力的优秀产品。

三、装饰设计的处理

（一）装饰方法及装饰元素调整

装饰设计方案的优劣，是通过设计评价决定的：评价结果符合设计目标，说明装饰设计方法正确，装饰元素恰当，方案合理。而产品、视觉传达和环境设计三大领域的内容不同，所采用的设计元素、装饰设计方法及方案也各不相同，在后期处理阶段，也应分别对待。

（二）装饰设计效果调整

1. 技术局限与软件限制下的效果优化

在利用计算机辅助设计完成效果图的过程中，尽管能够覆盖材质表现、空间视角选择及整体构图等多个关键方面，但受限于所采用的技术手段及软件性能，直接输出的效果图往往难以直接达到理想状态。常见问题包括画面亮度不足、噪点过多、层次感缺失以及色彩偏差等。这些问题要求设计师在后续阶段进行必要的调整与优化。

2. 设计效果预测不足后的迭代调整

在效果图制作的初期，由于设计思路的局限性或是对最终效果的预见不足，往往会在作品接近完成甚至完成后，发现仍需要进行修改与调整。这些调整可能涉及环境设计中的多个方面，如绿化的合理性与充足性评估、人物及摆设位置的微调、远景与近景之间层次关系的清晰化等。这一过程凸显了设计过程中不断迭代与优化的重要性，以确保最终作品能够满足预期的美学与功能需求。

针对上述两类问题，采用 Photoshop 等专业图像处理软件进行后期处理成为必要手段。通过精细的色彩校正、明暗对比度的调整以及亮度的优化，设计师可以显著改善效果图的视觉效果，使其更加接近或超越最初的设计构想。这一过程不仅是对技术局限的弥补，更是对设计创意的深化与升华。

四、装饰设计的实例——环境装饰设计

在遵循环境装饰设计导则的框架下，针对西北工业大学蒋氏基金中心室内环境进行重新设计的流程如下：

1. 空间分析与软件选型

首先明确限定空间的具体参数，依据软件选用导则，优选适合复杂室内环境建模的 3ds Max 软件作为主要设计工具。遵循选用流程导则，构建室内环境的基础三维模型，确保模型准确反映空间结构与布局。

2. 基础装饰设计与模型调整

依据装饰设计总则、基本导则及环境装饰设计细则,向基础模型中逐步添加必要的装饰设计元素,如墙面装饰、天花板造型等。通过细致调整模型细节,确保装饰部件与空间整体风格和谐统一。

3. 灯光布局与材质贴图

继续遵循上述设计导则,创建并布置室内灯光系统,以模拟自然光与人工光源的交互效果。同时,为模型各部分添加高质量的材质贴图,提升视觉真实感,使设计更加生动逼真。

4. 软装设计与色彩照明优化

根据环境色彩与照明装饰设计细则,精选并添加软装饰部件,如家具、艺术品及绿植等,以增强空间氛围。进一步调整灯光设置,包括不同色调的灯光搭配,以创造舒适的视觉体验。同时,为所有元素赋予精准材质属性,确保设计的一致性与完整性。

5. 渲染效果调整与视角优化

基于装饰设计总则及相关细则,对渲染参数进行精细调整,包括灯光的明暗变化、色彩平衡等,以展现最佳视觉效果。同时,调整渲染视角,确保从不同角度都能欣赏到设计的精妙之处。

6. 后期处理与效果优化

在 Photoshop 等专业图像处理软件中,对渲染后的效果图进行后期处理。运用滤镜、色彩校正等高级功能,对图像细节进行精心打磨,如去除噪点、增强对比度、优化色彩饱和度等。参考产品装饰设计后期处理的先进思路,确保最终效果图既符合设计预期,又具备高度的艺术美感。

7. 设计评价与迭代优化

完成上述步骤后,进行全面的设计评价。若已达成预期目标,则设计流程结束;若存在不足,则需根据评价结果返回至相应设计阶段进行修改与完善,直至达到最佳效果。随后,可将设计成果无缝衔接至下一阶段,如人机工程设计等,继续深化设计内涵与用户体验。

第三节 计算机辅助产品设计中的人机工程学应用

一、人机工程 CAD 系统的内涵

人机工程 CAD 系统（Computer Aided Ergonomics Design System, CAEDS）是计算机硬件与先进软件技术的融合体，专为提升人机工程设计效率与质量而设计。随着计算机硬件技术的飞跃式进步，原本受限于工作站环境的 CAD 软件现已能够在普通 PC 上借助桌面操作系统流畅运行，这一转变不仅摆脱了 UNIX 系统的束缚，还显著降低了系统成本，极大地推动了人机工程 CAD 系统的桌面化进程与广泛应用。近年来，人机工程 CAD 软件领域更是展现出蓬勃的发展态势，技术迭代加速，不断为设计师提供更加高效、智能的设计工具，助力人机工程设计的创新与优化。

（一）人机工程 CAD 软件的基本功能

人机工程 CAD 软件集成了丰富的功能模块，包括但不限于工作空间与产品建模、三维人体建模、人体活动范围模拟与分析、视听觉效能评估等，全面覆盖人机工程设计的核心需求。该软件通过构建虚拟人（Virtual Human）模型，在计算机生成的虚拟环境中精确再现人体的几何形态与行为特征，为用户提供了一个高效、直观的设计与分析平台。设计者能够运用这些功能，对产品设计或工作空间布局进行深入的人机工程学分析，系统评估其对人体舒适性、安全性及工作效率的影响，进而指导设计调整，确保最终方案能够严格遵循人机工程学原则，实现安全、舒适与高效三者的完美融合。

（二）人机工程 CAD 的优越性

1. 提升设计效率与成本控制

人机工程 CAD 软件内置了人机工程设计的基本理论、方法及常用数据资源，如人体尺寸、肢体活动范围、视听觉及体力特性等，这些资源作为核心 CAD 数据直接融入数字设计流程中。此举极大地加速了设计过程，通过自动化数据检索与验证，有效减轻了设计师的工作负担，避免了繁琐的数据查找与技术标准核对工作。因此，人机工程 CAD 系统显著提升了设计效率，缩短了产品开发周期，实现了时间与成本的双重节约。

2. 降低测试成本，保障安全

针对载人航天、核反应堆维护、新武器系统设计等重大项目，传统的人机测试方法往往耗资巨大且伴随高风险。真人实物实验不仅成本高昂，还可能造成设备损坏乃至人员伤亡。人机工程 CAD 软件通过计算机模拟技术，以虚拟产品模型与虚拟人替代真人实物进行测试，既快速又经济，且能确保实验过程的安全无虞。此方法在避免事故风险的同时，也极大地提高了测试效率与准确性。对于中小型产品、设备、设施及工作生活空间的设计而言，人机工程 CAD 的这一优势同样显著，有效降低了测试成本，保障了设计过程的平稳进行。

二、人机工程设计实例

（一）产品人机工程设计

机床控制面板人机交互的核心界面，其设计充分体现了人机工程学的原则与精髓。布局上，各类操纵器（包括按钮、旋钮等）需排列有序，确保操作者一目了然，避免误操作；在编码设计上，每个操纵器均被赋予独特标识，增强操作直观性。尤为关键的是，对于紧急停止按钮这一安全要素，其位置被精心置于最显眼处，并采用高对比度的橘红色作为主色调，辅以超过其他操纵器三倍以上的显著尺寸，确保在紧急情况下能够迅速吸引操作者注意并有效触发，从而提升操作安全性与效率。

依据产品人机设计导则，操纵器放置的角度、高度都跟人的高度以及视野范围有关。根据产品人机流程，设计过程如下：

第一，导入由依据形态设计导则完成的机床模型。

第二，制作并导入成年男子第 50 百分位数下的人体模型。

第三，根据视觉显示装置设计与布局导则，调整人体模型的视觉范围。作业者在操控控制面板时，会同步观察机床玻璃门内机器运作，故控制面板应与玻璃门平行设置，以优化视野布局，视平线下10°左右视角为推荐观察角度。控制面板高度的调整需兼顾视野与手臂操作范围，以站姿操作时手臂自然下垂略低于肘部的高度为佳，便于操作且减少疲劳。此外，根据人体模型的最佳操作姿态调整手臂高度，进而确定控制面板的最终高度，以确保操作界面的舒适性与可达性。

第四，在上述调整过程中，一旦发现机床模型无法满足人体模型的尺寸要求，就要对其进行修改，并重新测试调整，直至满意为止，最后输出最佳方案。

（二）视觉传达人机工程设计

标志符号作为一类典型的信息常被用于表示机器的功能、运转状态或指示方向、标识产品名称等。因此，在标志符号的设计中，不仅要注意其设计的形状美观，色彩的搭配也应符合人的视觉要求。

1. 视觉传达设计的内涵

视觉传达设计是一门综合性艺术与设计科学，深刻依托视觉媒介作为其核心载体，巧妙运用图形、色彩、文字及标志等视觉符号，精心编织成富有表现力与感染力的信息网络，旨在跨越时空界限，直接触达并深刻影响观者的心灵与认知。这一领域不再局限于传统的二维平面设计范畴，如摄影、字体设计与标志创作，更伴随着科技的飞速发展与新兴媒介的涌现，不断拓展至三维乃至四维空间，涵盖包装艺术、展示陈列、动画设计、舞台布景乃至电视演播等多元领域，实现了与多学科的深度融合及跨界创新。设计师在这一过程中扮演着至关重要的角色，他们不仅是信息的编织者，更是情感与理念的传递者，通过精心构思的视觉语言，与观者建立起无声却深刻的对话桥梁。

视觉符号是视觉传达设计的灵魂所在，是一种超越言语的沟通方式，它要求设计者与观者之间建立一种默契，通过双方共同理解的视觉密码，实现信息的瞬间捕捉与深层解读。这些符号不仅是色彩的堆砌或图形的组合，更是设计师思想与情感的具象化表达，它们能够突破常规视觉体验，激发观者的想象力与创造力，引领其进入一个充满惊喜与洞见的视觉世界。传达过程则是一个复杂而精妙的系统工程，它涵盖了传达者（设计师）、传达内容（信息本身）、接受者（观者）以及传达效果与影响等多个维度，其核心在于确保信息的准确无误与引人入胜。正如怀特所强调，设计师的任务不仅在于填满空间，更在于以清晰、吸引人的方式传达信息，让每一次设计都成为一次心灵的触动与智慧的启迪。

在新媒体艺术的赋能下，视觉传达设计更是如虎添翼，声音、图像与视频的无缝融合，以及多终端展示技术的不断革新，为信息的传达开辟了前所未有的广阔舞台。设计师得以运用这些先进手段，创造出更加丰富多元、生动立体的视觉体验，让信息的传递超越形式，直抵人心，实现真正意义上的情感共鸣与思想交流。

2. 构图、色彩

在视觉传达设计中，构图与色彩作为核心要素，共同构筑了作品的艺术表现与信息传递的深度。构图不仅关乎画面的布局与元素间的逻辑关系，更在于如何通过空间分割、层次构建引导视线流动，以静态画面模拟动态叙事，确保每一帧都富含故事性与引导性。而色彩则是这一视觉盛宴的灵魂，它不仅赋予图像以鲜明的视觉效果，更通过冷暖色调的巧妙搭配、色块面积与分布的精心规划，以及色彩心理学原理的深刻理解，将情感与象征意义巧妙融入设计之中。色彩能够跨越语言的界限，直接触动人心，将设计师的意图与情感转化为观者的感悟，使作品不仅传递信息，更激发情感共鸣，实现主题的深刻宣扬。因此，在视觉传达设计的实践中，对构图与色彩的精准把控与创意融合，是创造具有独特艺术魅力与强大传播力的作品不可或缺的关键。

3. 现代设计多元化

随着有线与无线网络技术的飞速发展，人们的信息交流变得即时而高效，网络服务持续升级，推动了数字化时代的到来。在这一背景下，设计师借助计算机辅助创作的能力显著提升，使视音频、图文、游戏、娱乐及商业信息等多类型内容得以丰富展现，满足了日益增长的多元化需求。个性化设计趋势蔚然成风，精准对接并丰富了人们的多样化期待，进一步驱动视觉传达设计向更加开放、多元的方向发展。这一进程中，视觉传达设计不仅鲜明体现了需求的多元化，也促进了设计策略的创新与多元，融合跨学科、跨领域的信息元素，突破了传统设计的框架束缚。数字技术与个人PC作为创作利器，不仅保留了传统绘画的艺术韵味，更激发了前所未有的多元化艺术创作风格，加速了视觉传达设计的革新步伐。未来，视觉传达设计作品将不再是单一风格的展现，而是多元文化的交织融合，超越传统界限，展现"存在即合理，一切皆有可能"的创意哲学。在网页与多媒体制作领域，Premiere等工具的应用，不仅丰富了视觉传达的内涵表达，还通过编程实现特定需求，如在个人PC上完成的作品，融合背景音乐与视觉效果，最终以光盘形式呈现，让色彩、音乐与图像在互动中交织出沉浸式的感官体验，这种多维度、多元化的信息传递方式，极大地增强了信息的吸引力和传达效果。

4. 设计理念和思维的创新

视觉传达设计正逐步深化与传播学、社会学、心理学等多学科知识的融合，借助艺术设计、多媒体及网络技术，启迪设计者的思维，激发情感表达，共同编织出既理想又富有个性与多元化内涵的视觉语言。这一融合趋势促使作品形态愈发丰富多元，题材新颖独特，动静相宜的图片与视频交相辉映，展现了前所未有的视觉盛宴。计算机辅助视觉传达设计技术，更是为视频图像处理增添了无限可能，通过精准的情景特效与音频融合，使作品在与终端的交互中深刻揭示其深层意蕴。观众在享受视听盛宴的同时，亦能沉浸其中，与作品产生深刻共鸣，体验到前所未有的互动乐趣。此外，随着媒体与工具的普及，人们愈发倾向于亲手创作，微博分享、微视频记录、微电影制作等，无不展现出创意无限的个人表达，这些简单而有趣的创作不仅丰富了日常生活，也成为视觉传达设计多元化发展的重要推动力。

随着数字技术的日益成熟，动态影像作为视觉传达设计的重要素材，其地位愈发凸显。动态影像以其独特的动感魅力，能够迅速捕获观众注意力，激发情感共鸣。然而，为避免视觉疲劳，设计者在运用动态影像时需审慎考量，确保影像内容富有深度与内涵，以引发观众对作品深层意义的认同与思考。因此，视频传达设计的核心在于构建能够触动心灵的内涵元素，通过艺术手法激发观众与作品间的情感共鸣，实现设计主题的有效传播。新科技与新媒介的飞速发展，为视觉传达设计开辟了广阔空间，要求我们不断创新思维、设计理念与传达方式，深化多元化、跨学科融合的设计实践，探索个性化设计的无限可能。移动智能终端的普及更是打破了时空界限，使信息传播与接收变得前所未有的便捷。新媒体环境下的视频图像，巧妙融合多元元素，以动态形式自然流畅地传递信息，使观众轻松沉浸于设计作品之中，深刻感受其主题与精髓。这些新兴元素不仅丰富了视觉传达的表现手法，还极大地拓宽了信息表达的边界，使新媒体艺术在人们的日常生活中扮演着更加积极、多元的角色。

在数字技术与新媒体的浪潮推动下，多元化需求日益增长，计算机辅助设计领域的创新者正积极运用前沿技术，赋予动态影像以前所未有的生命力，为观众开启全新的视觉体验之旅。数字化进程不仅极大地丰富了视觉传达设计的内容层次，更促使动态影像设计向多元化、交互性方向深入发展，强调文化内涵的深度挖掘与情感共鸣的激发，确保设计信息精准传达，触动人心。面对这一趋势，视觉传达设计教育亦需与时俱进，注重培养适应数字时代需求的设计人才，鼓励他们勇于探索、敢于创新，通过思维方式的革新，孕育出更多具有创造力的设计灵感，为视觉传达设计的未来发展注入不竭动力。

(三)环境人机工程设计

1. 目标用户界定

根据接待工作的性质与特点,明确设计的主要使用人群为青年女性接待员,以确保设计方案的针对性和实用性。

2. 虚拟人体模型构建

依据国家标准中的人体测量数据,利用专业的人体模型软件,精准创建出青年女性的虚拟人体模型。这一模型将作为后续设计的核心参考依据,确保设计成果符合人体工程学原理。

3. 接待台模型建立与场景融合

借助 VR 技术或专业的产品建模软件,构建接待台的详细三维模型,并将其置于一个虚拟的工作环境中。随后,将之前创建的青年女性虚拟人体模型导入该场景,实现人机环境的初步融合。

4. 动态模拟与冲突检测

调整虚拟人体模型的姿势,模拟接待员在实际工作中的站姿与操作状态。依据作业姿势设计导则,利用软件内置的碰撞检测功能,细致检查接待台与人体模型之间是否存在物理冲突,同时评估接待台的高度(依据人体模型站姿肘高设定)及座椅高度(考虑接待员频繁起身需求,设计座面较高的座椅)是否满足人体工程学要求。

5. 方案优化与输出

针对检测中发现的问题,实时调整接待台的设计方案,包括尺寸、形状及布局等方面的优化。通过不断迭代与完善,逐步排除不适合的设计选项,直至达到最佳的人机交互效果。最终,输出一套既符合接待工作实际需求,又满足人体工程学标准的作业空间设计方案。

第四节　虚拟技术在产品开发中的创新应用

一、虚拟产品开发环境下的产品创新设计背景

虚拟产品开发作为虚拟制造领域的核心板块，通过基于制造的仿真技术，为产品设计及生产流程的优化构建了一个集成化、共享化、网络化且支持并行协作的创新平台。这一平台不仅颠覆了产品生命周期的传统串行开发模式，还以新型剑杆织机的开发为例，深入探索了集成开发环境构建、创新设计及制造仿真的综合应用，显著提升了产品性能，缩短了新品上市周期，并有效降低了开发成本。

虚拟产品开发的核心价值在于其数字化模型的全面应用，它将现实世界的产品开发活动转化为虚拟环境中的模拟实践，对产品的行为、性能、可制造性、可维护性乃至成本效益进行预先评估与优化。这一过程不仅加速了从概念到实物的转变，还极大地增强了企业对市场变化的快速响应能力。

具体而言，虚拟仿真技术在产品开发中的应用，不仅让设计师能够更直观地理解设计方案的潜在影响，还通过 CAD、CAE、CFD 等先进技术，实现了从概念设计到工程制造的全面计算机化，显著提高了设计效率与准确性。这种技术不仅解决了抽象思维与实体实现之间的鸿沟问题，更为设计师提供了科学的决策依据，促进了设计创新与技术进步的深度融合。

在当今产品多样化、个性化需求激增的时代，虚拟仿真技术以其短周期、低成本、高质量及灵活应变的能力，成为企业竞争的关键。它不仅推动了产品设计的系统化、智能化发展，还通过数值仿真、可视化仿真、多媒体仿真及虚拟现实等多种表现方式，让设计过程更加直观易懂，仿真结果更加可靠可信。此外，虚拟仿真技术还促进了设计师、

制造者及用户之间的深度信息交互,使产品设计更加贴近市场需求,更加符合用户体验。这种以计算机技术为核心的现代高科技手段,正引领着工业设计领域向更加高效、智能、人性化的方向迈进。

二、虚拟仿真技术应用

(一)概念设计阶段

概念设计阶段是整个产品设计流程的起点,其核心在于创意的激发与整合。在此阶段,设计团队深入剖析产品的功能需求、质量要求、经济效益考量、用户偏好及制造工艺限制,旨在孕育出既具创新性又切实可行的设计方案。这些方案旨在确保产品功能卓越,引领市场潮流,同时兼顾制造流程的顺畅与成本效益的最优化,从而全方位增强产品的市场竞争力。

(二)产品造型设计环节

产品造型设计是工程技术与美学艺术的融合,从多个学科维度(美学、自然科学、经济学等)出发,对产品的材料选择、结构设计、加工方式、功能性、合理性、经济性及审美性进行深入分析与设计。通过CAD系统的三维建模技术,设计师能够在计算机上快速构建并调整产品模型,实现从创意到实体的无缝转化。这一过程中,设计师可以随时修改形态、色彩等设计元素,使产品在设计初期就达到最佳状态,确保其在品质、成本及外观上的卓越表现。另外,产品造型设计还充分利用虚拟数字模型进行高效的模拟分析与测试,涵盖了结构强度、加工效率、装配便捷性等多个方面,极大地提高了产品设计的一次成功率。这一变革使设计流程更加注重综合性能评估与优化,同时也促进了设计任务的协同作业与资源共享,提升了整体工作效率。

(三)产品结构工程分析(CAE)

随着计算机技术的飞速发展,有限元法已成为工程设计与分析中不可或缺的工具,其核心在于将复杂结构离散化处理,为应对复杂工程挑战提供了高效解决方案。市场上涌现出多种功能强大的CAE软件,如NASTRAN、ADINA、ANSYS、ABAQUS等,它们通过精密的数值分析与仿真技术,极大地提升了产品设计质量,同时降低了研发成本并缩短了开发周期。CAE技术涵盖了零件级的有限元分析(如结构刚度、强度、非线性及热场计算)、系统级的仿真模拟(包括虚拟样机构建、流场与电磁场分析等)以及基于设计参数的优化设计，为设计人员提供了全面的技术支持。在产品开发流程中，CAD 技术与 CAE 紧密融合，通过计算机测试替代传统昂贵的现场实验，有效减少了成本开支；同时，借助快速模拟与评估多个设计概念与场景，加速了产品迭代进程，确保了设计方案的持续优化与最终产品的市场竞争力。这一系列技术的应用，不仅简化了设计表达，还促进了设计思维的创新与深化。

（四）计算流体力学仿真

随着计算机技术的飞速跃进，特别是数值计算效能的显著提升，计算流体力学（CFD）作为一门新兴的交叉学科迅速崛起并蓬勃发展。CFD 技术通过直接求解如 Euler 或 Navier-Stokes 方程等流动主控方程，巧妙融合了计算数学、计算机科学、流体力学及科学可视化等多领域知识，深入揭示了流体流动的奥秘。自 20 世纪 60 年代以来，得益于航空航天等尖端工业领域对高效设计工具的迫切需求，CFD 技术持续进化，在湍流建模、网格优化、高级数值算法、可视化呈现及并行计算能力等方面实现了重大突破，引领了工业设计的革命性变革。

在汽车、航空、航天等多个关键行业中，CFD 已成为不可或缺的设计优化手段，显著减少了原型机测试次数，大幅缩短了产品研发周期，并有效降低了开发成本。其核心优势在于能够"虚拟"模拟流体流动场景，通过高精度的数值分析，将复杂的流动现象离散化处理，为工业设计师提供了前所未有的预测与优化平台。

在全球经济一体化、信息交流网络化及设计过程虚拟化的宏观背景下，虚拟仿真技术不仅极大地丰富了工业设计的方法论体系，更深刻地重塑了设计师的思维模式，推动了制造业在设计创新、生产制造及技术管理等多个维度的全面升级。如今，产品方案的设计愈发依赖设计专家的深厚知识与丰富经验，结合形式化的描述手段，共同构建出既高效又精准的产品决策框架。

（五）虚拟技术在产品创新设计中的应用与优化

在产品创新设计上，虚拟技术扮演着日益重要的角色。通过集成 CAD、CAE、CFD 等多种虚拟仿真工具，设计师能够在虚拟环境中对产品进行全方位、多角度的探索与优化。这一过程不仅提升了设计迭代的速度，还显著提升了设计方案的可行性与市场竞争力。在具体应用中，虚拟技术以其独特的优势，贯穿产品概念验证、性能精准预测及用户体验深度模拟等关键环节。在概念验证阶段，设计师能够借助虚拟模型，直观展现产品形态与功能，快速验证设计理念的可行性与市场接受度；性能预测方面，通过高级仿真分析，设计师能够细致评估产品的结构强度、流体动力学性能及材料耐久性等多维度指标，确保产品在实际应用中表现出色；在用户体验模拟环节，虚拟技术更是将用户行为、交互场景与产品反馈紧密结合，为设计师提供了宝贵的用户洞察与反馈，助力产品更加贴近用户需求，引领行业创新潮流。

此外，随着技术的不断进步与应用的深入探索，设计师们正不断优化虚拟仿真流程，精细调整技术参数，力求在提升设计效率与质量的同时，进一步挖掘虚拟技术的潜力，为产品创新设计开辟更广阔的空间，推动制造业向智能化、定制化方向加速迈进。

参考文献

[1] 明新国，郑茂宽，张先燏．智能产品服务生态系统解析设计与交付［M］．上海：上海科学技术出版社，2024.01.

[2] 吕天娥．文化创意产品设计开发研究［M］．北京：文化发展出版社，2024.03.

[3] 陈军，刘成梅．高等学校专业教材食品新产品开发［M］．北京：中国轻工业出版社，2024.01.

[4] 单阳．文创产品设计［M］．北京：机械工业出版社，2023.07.

[5] 李君．产品设计理论与运用研究［M］．长春：吉林出版集团股份有限公司，2023.03.

[6] 秦悦．产品设计思维与表达研究［M］．长春：吉林出版集团股份有限公司，2023.05.

[7] 郭伟，冯毅雄，王磊．产品众包设计理论与方法［M］．北京：机械工业出版社，2023.02.

[8] 明新国，尹导，张先燏．智能产品的创新生态系统构建及运行理论与方法［M］．上海：上海科学技术出版社，2023.

[9] 王展昭．基于复杂网络的产品创新扩散研究［M］．长春：吉林大学出版社，2023.04.

[10] 刘思思，罗爽爽．文创产品包装设计方案技巧研究［M］．长春：吉林出版集团，2023.10.

[11] 聂桂平．高等学校设计类专业教材·现代设计图学第4版［M］．北京：机械工业出版社，2023.09.

[12] 由振伟，孙炜，刘键．智能交互设计与数字媒体类专业丛书·设计思维基础［M］．北京：北京邮电大学出版社，2023.08.

[13] 王靓，王新．互联网＋新形态立体化教学资源特色教材·高等院校艺术设计专业精品系列教材·图形创意与应用［M］．北京：中国轻工业出版社，2023.02.

[14] 朱践知，江先伟，蒋浩敏．降本设计面向产品成本的创新设计之路［M］．北京：机械工业出版社，2022.02.

[15] 姜杰. 面向产品服务系统创新设计过程的方法及技术研究 [M]. 成都：四川大学出版社，2022.08.

[16] 张付英. 可持续产品创新设计方法及其应用 [M]. 天津：天津大学出版社，2022.11.

[17] 郭李贤. 博物馆文创产品设计开发策略与创新思路研究 [M]. 北京：中国纺织出版社，2022.07.

[18] 姜浩. 设计思维创新原理与应用 [M]. 北京：中国传媒大学出版社，2022.07.

[19] 许慧珍. 家电产品设计 [M]. 北京：中国纺织出版社，2022.07.

[20] 栗翠，张娜，王冬冬. 高等院校艺术设计专业系列教材·文创产品设计开发 [M]. 北京：中国轻工业出版社，2022.08.

[21] 潘鲁生. "十四五"普通高等教育本科部委级规划教材·产品风格化设计 [M]. 北京：中国纺织出版社，2022.04.

[22] 余杨. 智慧创意与创新设计研究 [M]. 长春：吉林出版集团股份有限公司，2022.10.

[23] 崔华丽，赵慧真，郭晓聪. 机械产品优化设计及方法研究 [M]. 长春：吉林科学技术出版社，2022.11.

[24] 张秀志. 基于设计心理学的多元设计应用与创新发展研究 [M]. 长春：吉林人民出版社，2022.06.

[25] 吴华堂. 品牌形象与CIS设计第2版 [M]. 青岛：中国海洋大学出版社，2022.10.

[26] 张公明，彭冬梅. 产品设计制图 [M]. 北京：中国轻工业出版社，2021.12.

[27] 赵福全，刘宗巍，马青竹. 汽车产品创新 [M]. 北京：机械工业出版社，2021.10.

[28] 万祖兵. 基于体验经济的文化创意产品设计与应用研究 [M]. 长春：吉林人民出版社，2021.03.

[29] 陶金元. 设计思维理念与创新创业实践 [M]. 北京：企业管理出版社，2021.08.

[30] 吴艨. 文化创意产品设计与创意产业发展研究 [M]. 北京：北京工业大学出版社，2021.12.

[31] 刘维尚. 工艺美术形意设计学 [M]. 长春：吉林人民出版社，2021.08.

[32] 刘印. 现代绿色包装设计实务 [M]. 北京：中国纺织出版社，2021.06.

[33] 金辉，曹国忠. 产品功能创新设计理论与应用 [M]. 天津：南开大学出版社，2020.03.

[34] 马宏宇. 产品美学价值的设计创新路径研究 [M]. 武汉：武汉大学出版社，2020.06.

[35] 孙艳平，张德臣，赵宝生．行波振动理论和减振理论及其在创新产品设计中的应用[M]．北京：冶金工业出版社，2020.05.

[36] 邓威．产品改良设计[M]．北京：北京理工大学出版社，2020.08.

[37] 李蔓丽．产品文化及设计多维度研究[M]．长春：吉林人民出版社，2020.09.

[38] 朱旭．创意产品设计与文化消费[M]．北京：新华出版社，2020.09.

[39] 李典．博物馆文化创意产品开发设计与发展思路研究[M]．长春：吉林人民出版社，2020.07.

[40] 焦艳军，赵睿，朵雯娟．设计思维[M]．成都：电子科技大学出版社，2020.06.

[41] 何家辉．文创设计[M]．武汉：华中科技大学出版社，2020.05.

[42] 罗佳宁．构成秩序视野下新型工业化建筑的产品化设计与建造[M]．南京：东南大学出版社，2020.10.

[43] 柯扬．品牌与VI设计[M]．长春：吉林人民出版社，2020.04.

[44] 秦怀宇．图形创意设计[M]．北京：北京理工大学出版社，2020.07.

[45] 田亚莲．民族文化与设计创意[M]．成都：西南交通大学出版社，2020.10.